Davide Benvegnù

IL POTERE DEI CRISTALLI

Il potere dei cristalli

Autore:

Davide Benvegnù

Copyright © 2013 – Davide Benvegnù
All rights reserved

www.davidebenvegnu.com

ISBN 978-1-291-49847-9

Tutti i diritti sono riservati a norma di legge e a norma delle convenzioni internazionali. Nessuna parte di questo libro può essere riprodotta con sistemi elettronici, meccanici o altri senza l'autorizzazione scritta dell'Autore.

Eventuali nomi e marchi citati nel testo sono generalmente depositati o registrati dai rispettivi detentori, proprietari o case produttrici.

Il potere dei cristalli - 3

A Elisa, Luisa e Alessandro

4 - Il potere dei cristalli

Indice generale

Indice generale 5
Ringraziamenti 9
Introduzione 11
Il potere dei cristalli 13
    Come agiscono i cristalli 14
    Sette sistemi cristallini 16
    Gli elementi chimici 16
    E tre modi per nascere 16
    Il colore del chakra 17
Le forme dei cristalli 19
Scegliere i cristalli 21
Guida all'uso 25
    Dove e come 25
    Tenerli addosso 26
    Ricaricarli 27
Teniamoli puliti 29
Tutti i cristalli 31
    Acquamarina 32
    Agata vera 34
    Ambra 36
    Ametista 38
    Avventurina 40

Azzurrite 42

Calcedonio azzurro 44

Chiastolite 46

Corallo 48

Corniola 50

Crisocolla 52

Crisoprasio 54

Diamantino 56

Diaspro 58

Eliotropio 61

Ematite 63

Ferro tigrato 65

Fluorite 67

Giada 69

Granato 71

Kunzite 73

Labradorite 75

LapIslazzuli 77

Lepidolite 80

Magnesite 82

Malachite 84

Occhio di falco 87

Occhio di tigre 89

Ossidiana 91

Peridoto 94

Pietra di luna 97

Quarzo affumicato 99

Quarzo citrino 101

Quarzo ialino (Cristallo di Rocca) 104

Quarzo rosa 107

Quarzo rutilato 110

Rodocrosite 112

Rodonite 114

Rubino 116

Smeraldo 118

Sodalite 120

Sugilite 122

Topazio 124

Tormalina nera 127

Tormalina 129

Turchese 131

Unakite 133

Zaffiro 135

Appendice A: i Chakra 137

Muladhara chakra 139

Swadhisthana chakra 140

Manipura chakra 141

Anahata chakra 142

Vishudda chakra 143

Ajna chakra 144

Sahasrara chakra 145

Appendice B: Cristalli e segni zodiacali 147

Ringraziamenti

Ho un debito con le seguenti persone, per l'aiuto e il sostegno che mi hanno dato, a volte anche inconsapevolmente:

Elisa, mia moglie: grazie perché mi supporti (e mi sopporti) sempre in quello che faccio, senza di te questo e altri miei lavori sarebbero stati molto più ardui;

Alessandro G. e Luisa Z.: grazie per tutti i consigli, gli input e l'energia che negli anni mi avete dato. Senza il vostro supporto non avrei mai potuto compiere tutto questo.

Un grazie va anche ai miei detrattori, a chi sostiene che queste siano solo stupidaggini e a chi mi ha detto che non ce l'avrei mai fatta: mi avete spronato sempre di più, ad ogni critica sono diventato più forte. E alla fine, beh, ce l'ho fatta.

10 - Il potere dei cristalli

Introduzione

Fin dai tempi più antichi l'uomo ha intrattenuto uno speciale rapporto con pietre e cristalli.

Tutte le culture hanno in qualche modo utilizzato questi doni della Natura: per produrre il fuoco, per costruire oggetti di uso quotidiano (punte di freccia) per erigere monumenti sacri, per adornare templi, per creare gioielli e talismani o ancora per scopi divinatori.

Successivamente queste tradizioni hanno proseguito il cammino fino alla nascita dell'Alchimia. Col passare del tempo l'uomo ha scoperto anche le proprietà curative dei cristalli e con la sua intuizione li ha utilizzati a fini terapeutici: polverizzandoli e mescolandoli con oli, portandoli al collo o appoggiandoli in zone precise del corpo.

Il motivo di tanta importanza e familiarità con i cristalli da parte dell'uomo è che questi doni di Madre Natura... sono nati con la Terra! La litogenesi spiega infatti il processo di formazione di pietre e cristalli a partire dal nucleo terrestre.

Col passare del tempo, la parte più esterna si è raffreddata dando origine a quella che oggi chiamiamo "crosta terrestre". La crosta terrestre può essere paragonata alla buccia di una mela in rapporto a ciò che racchiude. Da qui si capisce come sia facile che si creino spaccature sulla sua superficie (faglie e vulcani). Tutta la massa sottostante è ancora oggi allo stato incandescente ed in continuo movimento, il "magma". Analizzandolo, si comprende che questa sostanza è l'insieme di tutti i minerali e i metalli presenti sulla Terra.

A chi è rivolto questo libro

Questo libro ha l'obiettivo di aiutare tutte le persone a "capire" ed a conoscere i cristalli. Come si vedrà, questa conoscenza non è una nuova scoperta ma, come spesso succede, è qualcosa che fa parte del nostro passato e che oggi noi, così presi dalla frenesia del mondo, abbiamo dimenticato.

Struttura del libro

Il testo ha un'impronta volutamente pratica e descrittiva. Dopo una prima nota introduttiva di carattere storico e teorico, si passa direttamente alla pratica imparando come scegliere ed usare i cristalli.

Per ogni pietra, poi, sono descritte le caratteristiche; sia quelle fisico-chimiche che, soprattutto, quelle che ne denotano le modalità di utilizzo.

Il libro si conclude con una piccola panoramica sui chackra, centri energetici del corpo con cui i cristalli interagiscono.

In ogni sezione, per facilitare l'individuazione dei concetti chiave, le parole più importanti sono messe in evidenza attraverso l'uso di ***testo in grassetto corsivo***.

Il potere dei cristalli

L'uso dei cristalli è pratica antichissima. Nell'Antico Testamento, ad esempio, si fa riferimento al "Pettorale del Giudizio" ornato da quattro file di pietre preziose che veniva indossato dal Sommo Sacerdote durante le funzioni religiose, mentre gli Antichi Romani usavano il Corallo rosso per proteggersi dalle energie negative e Plinio il Vecchio ha descritto diffusamente le proprietà curative delle pietre.

Ancora oggi, in India è tradizione indossare un cristallo specifico per ogni giorno della settimana. Caratteristici di questo Paese sono gli anelli, che recano nove pietre differenti in precisa sequenza, rappresentanti il potere protettivo dei vari pianeti.

Ildegarda, monaca tedesca (1098-1179), santificata dalla Chiesa Cattolica, ha lasciato molti scritti, alcuni dei quali parlano in modo poetico ed ispirato di come si formano i principali cristalli e di come usarli per curare alcune malattie.

Anche gli Indiani d'America, da sempre, fanno uso dei cristalli per la protezione, i rituali di guarigione e la "Ruota di medicina".

I cristalli erano e sono dunque usati da civiltà e culture differenti in ogni parte del mondo, fin dai tempi più antichi, ma come agiscono ed interagiscono con il corpo umano?

Secondo alcuni studiosi c'è una spiegazione scientifica per il loro funzionamento: entrando in contatto con il corpo umano, o con il campo visivo, essi trasmettono delle informazioni relative al reticolo cristallino, alla composizione chimica, al processo litogenetico intervenuto nella loro formazione ed al colore del cristallo stesso.

Come agiscono i cristalli

In fisica è ormai noto da tempo che nell'universo tutto è energia e che ogni cosa, oltre alla parte materiale visibile, possiede un proprio campo energetico, che viene denominato *aura*.

Ogni cosa emana e riceve costantemente energia, interagendo così con ogni cosa che la circonda. Anche l'uomo ha la sua aura ed è proprio grazie ad essa che riesce a interagire con tutta la Natura. Immaginate l'aura come un alone intorno a voi, oppure prendete d'esempio i cerchi concentrici che si formano nell'acqua quando viene tirato un sasso: il vostro corpo è il sasso e i cerchi dell'acqua rappresentano l'aura (o campo energetico).

L'aura si può anche "sentire": avete mai avuto la sensazione, parlando con qualcuno con cui non avete particolarmente feeling, di sentire un'energia che vi fa allontanare da questa persona? Oppure vi è mai capitato che se questa persona (sempre di dubbia simpatia) si avvicina a voi parlando, voi abbiate la sensazione che vi stia "invadendo"? L'*energia* permette di percepire la sensazione (positiva o negativa) che si ha rispetto a una persona, a una pianta o a un animale, ed è grazie all'energia con cui veniamo in contatto che abbiamo la prima informazione di chi ci sta davanti.

Questa interazione avviene con qualunque cosa possegga un campo energetico, anche con i cristalli (più precisamente si parla di empatia).

Pietre e cristalli, infatti, se fotografati con macchine particolari risultano **circondati da aloni colorati** sempre diversi da cristallo a cristallo; infatti ogni minerale possiede una propria aura specifica in base alla composizione chimica e alla struttura molecolare.

Questi fattori determinano sotto l'obiettivo colori, forme e grandezze diverse del campo energetico (se tiriamo in acqua un sasso di 2 cm di diametro creerà onde concentriche diverse da un sasso di 10 cm di diametro, e diverse anche da un pezzo più leggero e di plastica di 20 cm).

Ma come possono agire le pietre sulla nostra *salute*? Se ci riallacciamo al fatto che tutto è energia e vibrazione, è semplice comprendere che una malattia è un blocco energetico che provoca vibrazioni instabili che si tramutano in disfunzioni sul piano fisico e psichico. Le nostre malattie sono vibrazioni distorte che, come tutte le vibrazioni, vengono proiettate all'esterno del nostro corpo fisico e sono riscontrabili nell'aura. Quando noi poniamo nel campo dell'aura una pietra, l'energia e la vibrazione di quest'ultima interagiscono con le nostre energie e vibrazioni equilibrando le nostre disarmonie energetiche.

Ovviamente i cristalli **NON DEVONO** essere sostituiti alla terapia medica nel caso di malattie gravi, ma possono essere usati per piccole problematiche quotidiane come per esempio mal di testa, dolori, ansia e stress, per meditare e anche allontanare le radiazioni elettromagnetiche di tv e cellulari, per dormire meglio e purificare gli ambienti.

Personalmente consiglio, per rendersi conto delle proprietà e dell'efficacia dei cristalli, di rivolgersi ad un operatore per un trattamento di *riequilibrio energetico* con le pietre; lasciate a casa lo scetticismo e abbandonatevi alle sensazioni, vedrete che ne verrà fuori qualcosa di veramente intenso e benefico.

Sette sistemi cristallini

Il reticolo cristallino è formato dalla coesione degli atomi e delle molecole che costituiscono il cristallo, e può essere di varie forme geometriche (cubico, esagonale, rombico...). Vi sono sette diversi sistemi cristallini, ognuno trasmette informazioni differenti.

Il reticolo cubico, ad esempio, per la sua conformazione ha una vibrazione energetica che induce l'individuo ad una vita razionale e programmata, e dona solidità e stabilità.

Gli elementi chimici

La composizione chimica, per la presenza di sali minerali ed elementi chimici come Rame, Ferro, Calcio fornisce altre informazioni. Il Rame ad esempio favorisce l'assimilazione del Ferro da parte dell'intestino, stimola l'attività onirica e sviluppa la fantasia. Il Ferro favorisce la produzione di globuli rossi e di emoglobina, ed è utile nei casi di anemia, debolezza fisica ed esaurimento, infonde dinamismo, costanza e volontà. Il Calcio assicura il consolidamento e l'elasticità delle ossa e dei denti, rafforza la capacità di apprendimento e la memoria.

E tre modi per nascere

Il processo di litogenesi, attraverso il quale si sono formati i minerali, fornisce ulteriori informazioni.

Secondo l'esperto dei cristalli Michael Gienger, il processo primario, cioè di solidificazione diretta del magma, dà luogo a cristalli in grado di favorire i processi di apprendimento, utili in tutti i momenti in cui si devono affrontare cambiamenti e fronteggiare nuove esperienze. Il processo secondario, che avviene per fenomeni di disgregazione e deposito, dà luogo a cristalli che indicano il ruolo esercitato dall'ambiente sull'essere umano, ed aiutano a valutare quali esperienze accettare e quali rifiutare.

Il processo terziario, che si verifica quando i cristalli sono generati, per pressione e calore, da minerali preesistenti, produce cristalli che stimolano nell'uomo un processo di trasformazione interiore, aiutandolo ad abbandonare senza difficoltà il vecchio stile di vita.

Il colore del chakra

Il colore dei cristalli infine, porta un'informazione che è in sintonia con la vibrazione di colore dei 7 chakra principali dell'uomo (*vedi appendice A, Ndr*), ogni chakra vibra ad una precisa lunghezza d'onda ed i cristalli con il loro colore tendono ad armonizzarla.

Il colore rosso ad esempio lavora sul 1° chakra e, secondo la tradizione, migliora la qualità del sangue e dona vitalità, determinazione ed energia. Il colore arancio interviene sul 2° chakra, regolando l'assorbimento dei liquidi, la funzionalità dell'intestino e donando gioia di vivere ed equilibrio emozionale.

Le forme dei cristalli

Le pietre possono avere varie forme: naturali, come le druse ed i geodi, o create dall'uomo, come le sfere e le piramidi. La forma conferisce proprietà diverse ai cristalli, che possono avere quindi diversi utilizzi.

Pietre grezze: sono pezzi di minerale, di forma naturale e non trattati, spesso opachi e con la superficie non levigata. Secondo la dimensione possono essere portati a contatto del corpo o usati per armonizzare l'ambiente domestico o il luogo di lavoro.

Punte: formazioni naturali, le più comuni sono quelle di Cristallo di Rocca, Ametista, Quarzo Citrino e Fumé. Questi Cristalli appartengono alla famiglia dei quarzi e sono formati da un corpo con sei lati ed un apice con sei facce, delimitate da un numero di lati variabile. Il numero di lati delle facce dell'apice fa acquistare al cristallo proprietà peculiari (cristalli trasmettitori, channelling, tabulari, finestra, maestro, ecc.). Le punte si possono portare con sé, porre agli angoli di una stanza per armonizzarla o sulla scrivania, oppure usare per la meditazione.

Geode: è una formazione tondeggiante, normalmente di Agata, che presenta al suo interno cristalli di Ametista o di Cristallo di Rocca. Sono di varie dimensioni, ce ne sono anche di molto grandi, ed in commercio si trovano anche fette di geode. Dona protezione e senso di indipendenza a chi lo indossa. Quelli di grandi dimensioni sono ottimi per proteggere gli ambienti.

Druse: sono conglomerati di cristalli dello stesso tipo (Cristallo di Rocca, Ametista, Citrino, Celestina). La molteplici punte assorbono energia dall'ambiente e la restituiscono purificata.

È bene tenere una drusa in casa per purificare e armonizzare la energie. Sono anche utili per pulire e ricaricare i cristalli di uso personale, che possono esservi posti sopra per tutto un giorno o una notte.

Pietre burattate: sono levigate e lucenti a causa del trattamento subito. A seconda delle dimensioni si possono usare nell'ambiente o per la meditazione. Sono ottime per uso personale, da tenere in tasca e toccare ogni tanto. Si trovano in commercio anche montate per essere portate come ciondolo.

Piramidi, Obelischi, Sfere: vengono forgiate dall'uomo, le prime due sono forme che concentrano e direzionano le energie, la sfera invece garantisce una distribuzione omogenea dell'energia sulla superficie. Vanno usate con prudenza e sono utili soprattutto per gli ambienti. Un piccolo consiglio: orientate sempre gli angoli delle piramidi e degli obelischi in corrispondenza dei punti cardinali.

Collane, Braccialetti: sebbene non siano forme di cristallo nel vero senso della parola, vale la pena analizzarle. I cristalli inseriti in collane e braccialetti, infatti, producono emissioni energetiche forti, di più pietre contemporaneamente, e sono utili perché possono essere indossati comodamente.

Donuts: pietre lavorate con un foro nel centro (da cui deriva il nome, letteralmente "ciambelle"), da secoli considerate portafortuna in India e Nepal.

Wotan: è un ciottolo di fiume tagliato, che presenta una faccia lucida simile a uno schermo. Gli Indiani d'America lo usavano per la divinazione. Si trovano di Cristallo di Rocca, Ametista, Citrino, Fumè, Quarzo Rosa. Ottimi sul comodino, vicino al letto e sulla scrivania.

Scegliere i cristalli

Ogni cristallo ci dà sensazioni diverse e alcuni ci attirano più di altri: in sostanza il primo tipo di scelta è dettato dai sensi. E va bene così, perché siamo attirati da ciò che ci serve davvero e se ci piace un cristallo è giusto acquistarlo.

Per scegliere in modo più razionale, invece, possiamo basarci sulle doti legate al colore, alla composizione chimica ed al reticolo cristallino, o sul suo potere riequilibrante nei confronti dei sette Chakra.

Le proprietà del colore del cristallo, così come vuole la tradizione e come viene riportato anche negli antichi testi di esperti della materia, potrebbero essere sintetizzate come segue.

NERO: assorbe i ristagni di energia e le energie negative, allevia il dolore e distende, infonde sicurezza e stabilità (Ossidiana, Quarzo fumé, Tormalina nera).

ROSSO: dona energia e vitalità, favorisce la rigenerazione del sangue e dei tessuti, genera calore (Rubino, Granato, Agata).

ROSA: dona compassione e tranquillità (Quarzo rosa, Opale rosa, Tormalina rosa).

ARANCIO: favorisce equilibrio e serenità, rende gioviali e spontanei (Corniola, Ambra, Calcite arancio).

GIALLO: favorisce la digestione, aiuta il pensiero razionale e l'assimilazione di energia, dona felicità e fiducia in se stessi (Quarzo Citrino, Topazio, Ambra, Calcite gialla).

VERDE: colore della guarigione, calma e bilancia il cuore e la mente. Sostiene l'attività della cistifellea e del fegato (Diaspro verde, Giada, Tormalina verde, Avventurina, Olivina).

BLU: colore della mente creativa, dona chiarezza mentale, saggezza, ha fama di antisettico per la gola (Lapislazzuli, Turchese, Crisocolla, Sodalite, Acquamarina).

VIOLA: protegge dalle influenze esterne, facilita i cambiamenti, sviluppa l'ispirazione, l'arte e la libertà di pensiero (Ametista, Fluorite, Sugilite).

BIANCO, TRASPARENTE: veicola la luce, dona purezza, creatività e induce a perfezionarsi. In particolare il Quarzo di Rocca rafforza i poteri delle altre pietre (Quarzo di Rocca, Elestial, Selenite, Apofillite). Inoltre alcune pietre trasparenti (una su tutte il Quarzo Ialino) creano dei reticoli energetici tra loro e vengono usate per protezione degli ambienti dalle energie negative o vaganti.

Per le proprietà del cristallo ci si riferirà alla descrizione dei singoli cristalli (*vedi l'elenco cristalli, Ndr*). Queste proprietà sono dovute, come già visto, anche al loro processo di formazione nel sottosuolo (litogenesi), al tipo di reticolo cristallino e alla composizione chimica. Potremmo scegliere, ad esempio, la Corniola perché, secondo la letteratura sul tema, facilita l'assimilazione delle vitamine da parte dell'intestino tenue e rende stabili e realistici oppure la Tormalina nera per le sue qualità di protezione, e così di seguito.

Infine, possiamo scegliere in base al chakra che vogliamo equilibrare. Conoscendo le caratteristiche dei sette Chakra principali (*vedi Appendice A, Ndr*) e volendo equilibrarne uno o più sceglieremmo i Cristalli adatti. Ad esempio, se ci sentissimo stressati e fuori centro, con poche energie, sarebbe opportuno equilibrare il 1° chakra, e potremmo per questo scegliere un'Agata.

24 - Il potere dei cristalli

Guida all'uso

Dopo aver scelto ed acquistato un cristallo per prima cosa dobbiamo purificarlo. I cristalli oltre ad emettere vibrazioni energetiche le assorbono, e se sono stati a contatto con ambienti emozioni ed energie negative possono trasmetterle a chi li usa.

Leggete quindi attentamente la parte relativa alla sezione "Teniamoli puliti".

Dove e come

Dopo aver purificato il nostro cristallo possiamo iniziare ad usarlo. Ci sono vari modi di servirsi dei cristalli.

Possono essere utilizzati nell'ambiente in cui si vive o lavora per proteggerlo e purificarlo, rendendo così le attività che vi si svolgono serene e rilassate. A questo scopo porremo una drusa di Quarzo di Rocca o di Ametista su un ripiano: il solo guardarla ci farà sentire più leggeri e tranquilli. Oppure collocheremo un cristallo (punta, burattato o piramide, preferibilmente di Quarzo Ialino) in ognuno dei quattro angoli di una stanza rendendola più armoniosa.

Ci possiamo divertire a scegliere i cristalli più adatti ad ogni stanza, ad esempio il Quarzo rosa nella camera da letto per distendere e favorire il riposo, la Corniola in soggiorno per protezione, buon umore e solarità. Nello studio il Lapislazzuli per favorire l'intuizione, o la Calcite gialla per radicare l'energia, aiutare la memoria e rilassare.

Se preferiamo tenere i cristalli vicino a noi, per guardarli e toccarli ogni tanto, possiamo metterne uno sulla scrivania per favorire la concentrazione e la memoria (Lapislazzuli, Azzurrite, Fluorite, Calcite gialla, Calcedonio azzurro) oppure sul comodino per favorire un sonno tranquillo e ristoratore (Ametista, Avventurina, Giada). Ancora, per protezione da energie dissonanti possiamo scegliere tra Agata, Tormalina Nera, Ametista o Corniola. La Tormalina nera è anche di grande utilità per la protezione dalle emissioni nocive degli apparecchi elettrici, del computer e del telefono cellulare.

Tenerli addosso

I cristalli possono essere indossati per uso personale, anche per un lungo periodo, per tutte quelle applicazioni (riequilibrio dei chakra, problemi emotivi, stress, ecc) che richiedono un contatto prolungato della pietra con il corpo. A tal fine possono essere portati sotto forma di anelli, ciondoli, braccialetti, orecchini, collane o semplicemente tenuti addosso in un sacchetto di cotone o in tasca. Bisognerà tenere la pietra con sé finché i miglioramenti siano certi, e comunque per un periodo non inferiore a 20-30 giorni.

I cristalli vanno indossati di giorno oppure tenuti vicino la notte. Non tutti i cristalli però sono adatti per un uso notturno: potrebbero avere una vibrazione troppo forte e disturbare il sonno, questo va valutato tenendo in considerazione il tipo di cristallo da usare (leggi le spiegazioni dei singoli cristalli).

Se invece si vuole usare il cristallo per un'applicazione temporanea, la pietra va semplicemente posta sulla parte del corpo da trattare (per la scelta vedi le spiegazioni dei singoli cristalli). Per collocarlo sul corpo nella posizione desiderata si può usare un sacchetto di cotone o un cerotto anallergico in seta o cotone.

Infine, i cristalli possono essere usati durante la meditazione o per favorire il rilassamento: tenete un Quarzo rosa o una Giada sul cuore, immaginando che la sua luce irradiandosi pervada tutto il corpo, purificandovi dalla stanchezza e da ogni negatività. Oppure, per meditare, un'Ametista donerà calma e aprirà la nostra mente superiore. Per queste pratiche l'ideale sono i cristalli burattati, che hanno un'emissione aurica dolce ed omogenea.

Ricaricarli

Come già accennato, i cristalli ogni tanto vanno purificati e ricaricati, perché durante l'uso cedono la loro energia e accumulano energie dall'ambiente circostante o dalla persona che li indossa.

Per la purificazione rimando all'apposita sezione teniamoli puliti, per quanto riguarda la ricarica vi sono diversi modi per effettuarla:

Sole: i testi sui cristalli consigliano di esporre la pietra al sole, per 1 o 2 ore, possibilmente a inizio o fina giornata, evitare le ore più calde, alcuni cristalli però (soprattutto se utilizzati per lunghi periodi) devono rimanere al sole per un'intera giornata. Si ricaricano al sole tutti i cristalli rossi, arancio, gialli, bianchi e trasparenti. I cristalli trasparenti viola e rosa si ricaricano sempre al sole ma con luce non diretta perché potrebbero scolorirsi.

Luna: si ricaricano alla luna le pietre verdi, blu, viola non trasparenti e le pietre con spiccata energia femminile come la Crisocolla. Vanno esposti tutta la notte alla luna, meglio se piena.

Drusa: posando i cristalli su una drusa di Quarzo di Rocca o di Ametista, si ottiene il duplice scopo di purificarli e di ricaricarli. L'Ametista ha un effetto di purificazione molto potente.

Vaso di fiori: potrà sembrare strano ma i testi classici ci dicono che posare i cristalli sulla terra di un vaso è benefico sia per la pietra, alla quale permette di scaricare le energie accumulate e di ricaricarsi, che per la pianta, che trae beneficio dall'interazione con il cristallo. È un modo che spesso viene utilizzato da chi magari non ha la possibilità di usare gli altri metodi, e tra l'altro permette di avere delle piante rigogliose e cariche di fiori.

I cristalli destinati all'uso negli ambienti vanno purificati e ricaricati almeno una volta all'anno, meglio se ogni due o tre mesi.

I cristalli per uso personale devono essere purificati e ricaricati almeno una volta al mese (preferibilmente una volta alla settimana) mentre sarebbe meglio farlo di volta in volta per quelli che si usano per la meditazione.

I tempi consigliati sono indicativi: vi accorgerete da soli che i cristalli con l'uso cambiano leggermente di colore, diventano più opachi e spenti.

Teniamoli puliti

Come per la ricarica, ci diversi modi per pulire e purificare i cristalli dalle energie accumulate:

Il sale: possiamo utilizzare del sale grosso, possibilmente marino o ancora meglio il sale rosa dell'Himalaya, e posarvi sopra i Cristalli per 1 o 2 ore. Il sale però potrebbe interagire con alcuni Cristalli, specialmente quelli contenenti Rame (Crisocolla, Malachite, Turchese), che si possono rovinare e cambiare colore: per evitare problemi consiglio di fare uno strato di sale tra due piatti (mi raccomando, non di plastica) e porre le pietre da purificare sul piatto superiore, cosicché non tocchino direttamente il sale. Non essendo la pietra direttamente a contatto con il sale la procedura sarà più lunga, quindi bisognerà almeno raddoppiare il tempo di esposizione.

L'acqua: lasciare i Cristalli sotto l'acqua corrente per alcuni minuti è un buon metodo per la pulizia giornaliera delle pietre che indossiamo. A questo scopo usate un bicchiere o comunque in un recipiente che non sia di plastica. Questo tipo di pulizia è buono anche per le Druse. Usate più spesso il metodo dell'acqua ed ogni tanto quello del sale che è più traumatico per la pietra.

Acqua e sale: questo metodo, come è facile intuire, porta con se tutti i benefici dei due precedenti. Basta riempire una bacinella o un altro contenitore di vetro con acqua ed aggiungere un cucchiaino di sale marino o, meglio, di sale rosa dell'Himalaya. Immergere poi nell'acqua le pietre da purificare ed attendere almeno un paio d'ore. Ricordate che più tempo le pietre rimarranno immerse nella soluzione migliore sarà il risultato finale. Questo non significa che debbano rimanere delle settimane a contatto con quest'acqua: un tempo ragionevole è una giornata.

L'acqua del mare: come la precedente, è un'altra possibilità molto gradita ai Cristalli (esclusi quelli contenenti Rame) che diventano veramente lucenti e carichi di energia solare, se li lasciate poi asciugare sulla spiaggia, a patto che l'acqua non sia sporca o inquinata.

Il vaso di fiori: come già visto, anche la terra di un vaso fiorito è un buon posto dove posare un cristallo a purificare. Lasciatelo una notte ed un giorno, così si ricaricherà contemporaneamente, con l'aiuto della pianta, della luce del sole e della luna.

La salvia bianca o l'incenso: la fumigazione con la salvia è un metodo usato dagli Indiani d'America per la pulizia dei Cristalli e del campo eterico umano. Si mette a bruciare la salvia in un piccolo braciere con un carboncino e si tengono i cristalli nel fumo che si sprigiona. Se non si dispone di salvia bianca si può usare anche l'incenso, meglio se di Sandalo.

Tutti i cristalli

I cristalli sono l'anima e la storia della Terra. Racchiudono informazioni meravigliose che sono pronti a condividere con l'uomo.

I cristalli emettono una **radiazione magnetica** di intensità minima, ma comunque efficace e in grado di interagire con la nostra aura influenzando il nostro umore.

Nel novero dei cristalli troviamo pietre violacee come la lepidolite, purpuree come il corallo o azzurre screziate di bianco come il lapislazzuli, ma i loro colori, seppur incantevoli, non sono nulla in confronto alle loro peculiarità.

Ogni cristallo presenta e possiede caratteristiche specifiche. Queste gemme possono essere scelte in base allo scopo che ci prefiggiamo, sia esso la riconquista di uno stato di serenità, il raggiungimento dell'armonia nei rapporti con il nostro prossimo, la sconfitta di ansia e depressione o l'accrescimento di attenzione e memoria.

Bisogna dunque imparare a conoscerli attentamente per poter beneficiare della loro energia: dall'Acquamarina, capace di diffondere tranquillità e pace producendo un effetto calmante sulla mente, allo Zaffiro blu, pietra della saggezza che ha la facoltà di favorire l'espressione creativa.

Acquamarina

Classe minerale: ciclosilicati
Formula chimica: $Be_3Al(Si_6O_{18})$ + K, Li, Na, + (Fe)
Sistema cristallino: esagonale
Processo litogenetico: primario
Colore: verde-azzurro

La gemma del benessere e della tranquillità

L'Acquamarina è, come lo Smeraldo, una varietà di Berillo e il suo tipico colore è dovuto alla presenza di tracce di ferro.

Le tradizioni popolari le conferiscono la facoltà di discernere il vero dal falso, e di saper donare **buona memoria** e **benessere** a chi la indossa.

Questa bella gemma, agendo sul 6° chakra, produce un effetto **calmante** sulla mente, portando tranquillità e pace e "lavando via" ansia e pensieri negativi.

Lavorando sul 6° chakra favorisce la crescita interiore, dona chiarezza di idee e fiducia di portare a termine tutto ciò che si intraprende.

Inoltre questo cristallo, come tutti quelli blu-azzurri lavora anche sul 5° chakra. In particolare stimola l'espressione **creativa**, la capacità dialettica e permette di esprimere apertamente i propri pensieri. Porta dolcemente **equilibrio** nelle emozioni.

Protegge poi durante i viaggi in barca o in nave e che attenui i sintomi del mal di mare.

Secondo la tradizione, dal punto di vista fisico, purifica il sistema nervoso ed ha effetti benefici per gli occhi, sui quali va posta durante il rilassamento per alleviarne stanchezza e rossori.

Regola, inoltre, la funzionalità di ipofisi, tiroide e reni, influenzando positivamente la crescita e l'equilibrio ormonale. Per questo, e per la sua vibrazione dolce, è consigliata anche per i bambini. Attenua, inoltre, l'eccessiva reattività del *sistema immunitario*, per cui, tradizionalmente, si usava in caso di *allergie* legate all'apparato respiratorio.

Si può portare come ciondolo, come anello al dito mignolo (che corrisponde al 5° chakra), come altro monile oppure posata semplicemente sul corpo. Può essere tenuta addosso per lunghi periodi. È un cristallo ottimo da usare durante la *meditazione*, posta sul 5° chakra per indurre il rilassamento o sul 6° per connettersi con stati profondi di consapevolezza.

Si purifica sotto l'acqua corrente, si ricarica ai raggi della luna.

Agata vera

Classe minerale: ossidi, gruppo dei quarzi
Formula chimica: SiO2 (biossido di Silicio) + Al, Ca, Fe, Mn
Sistema Cristallino: trigonale
Processo litogenetico: primario
Colore: in natura grigia, azzurra, rossa, blu, verde. In commercio se ne trovano dei più svariati colori, perché vengono tinte artificialmente

L'amica delle mamme che dona energia

L'Agata è una pietra nota fin dall'antichità per le sue proprietà di **protezione** e **armonizzazione** degli ambienti e della persona, nei paesi orientali è sempre stata considerata una pietra **portafortuna**. Se posta sulla scrivania in ufficio, o comunque in luoghi frequentati dal pubblico, **purifica e protegge l'ambiente**.

Dà luogo a formazioni sferiche caratteristiche, chiamate geodi, che portano al loro interno cristalli di ametista o di quarzo di rocca. Le fette di Agata, di vario colore, si trovano in commercio sia sfuse che legate insieme a formare i cosiddetti "caccia spiriti" da collocare, per protezione, vicino alle finestre di casa o dell'ufficio.

Nell'ambiente di lavoro, l'Agata è anche utile perché aiuta il **pensiero razionale**, la **stabilità emotiva** e combatte la dispersività. Inoltre promuove armonia e collaborazione tra i colleghi. Questa pietra lavora sull'armonizzazione del 1° chakra, apportando energia nel corpo fisico, ed è per questo motivo un **potente energetico**. Inoltre, poiché ci fa sentire più "centrati", è di grande utilità portarla durante i periodi di stress.

Tutte le agate sono in sintonia con le vibrazioni della terra e le energie femminili. Le fette di questa pietra presentano caratteristici cerchi concentrici che ricordano la donna con il bambino nel ventre. La tradizione orientale associa questa pietra alla protezione della mamma e del bambino e consiglia di indossarla a tutte le donne in gravidanza e dopo il parto. Le agate azzurre e rosa, vengono tradizionalmente utilizzate durante l'allattamento.

Le agate di diverso colore, come ad esempio l'Agata verde e l'Agata blu, pur conservando tutte le caratteristiche dell'Agata lavorano più specificatamente sui chakra (4° e 5°) che sono in sintonia con questi colori.

Questa pietra va purificata periodicamente, e ricaricata al sole, le varietà blu e verde sono invece più sensibili ai raggi della luna.

Ambra

Classe minerale: sostanze organiche.
Composizione chimica: È formata dal 78% di Carbonio (C), dall'11% di Ossigeno (O), dal 10% di Idrogeno (H) e dall'1% di Zolfo (S). La formula semplificata è la seguente: C10H16O+S.
Sistema cristallino: amorfo
Processo litogenetico: secondario
Colore: varia dal rosso cupo al bruno scuro, dall'arancione al giallo chiarissimo. L'inclusione di particolari sostanze organiche può rendere l'Ambra verde o nera

L'anima della tigre rafforza la fiducia in se stessi

L'Ambra non è una pietra bensì una resina fossile, proveniente da conifere esistenti nell'Oligocene, che ha subito un processo di invecchiamento ed una graduale mineralizzazione.

Gli antichi cinesi credevano che le anime delle tigri si trasferissero in essa dopo la morte terrena. Era sacra nei tempi classici agli adoratori della Dea Madre, perché si riteneva contenesse il principio della vita e della fecondità. È stata la prima pietra preziosa della storia: da oltre 7000 anni viene usata come **amuleto**.

L'Ambra è una pietra calda al tatto che, a differenza delle altre, **assorbe energia** invece di trasmetterla. Per questo ha un importante azione di **purificazione** e **protezione** dalle energie negative. Di conseguenza, è importante pulirla frequentemente per evitare che trasmetta le energie che ha assorbito. È bene indossarla quando si lavora a contatto con il pubblico, o comunque in ambienti affollati.

La vecchia saggezza popolare sostiene che l'Ambra tiene lontano la negatività e *assorbe la malattia*, per questo viene utilizzata in caso di *i*nfiammazioni o dolori. La tradizione sostiene che sia molto utile anche per i dolori della dentizione nei bambini; si possono trovare collanine adatte a questo uso anche in farmacia.

L'Ambra lavora sull'armonizzazione del 3° chakra, facilita quindi l'ingresso dell'energia al suo interno, *promuove la natura solare* di chi la indossa aumentando la *fiducia in se stessi* e *la creatività*. È quindi consigliata per persone che tendono a deprimersi e a farsi influenzare dagli altri. Poiché questo chakra è collegato con gli organi digestivi, l'Ambra aiuta anche il buon funzionamento dello stomaco e della milza.

È importante pulire l'Ambra frequentemente, per evitare che trasmetta le energie assorbite, ed è bene non usare il metodo del sale, che potrebbe renderla opaca. Si ricarica alla luce del sole.

Ametista

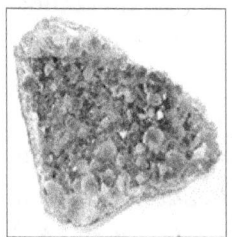

Classe minerale: ossidi, gruppo dei quarzi
Formula chimica: SiO2 + (Al, Fe, Ca, Mg, Li, Na)
Sistema cristallino: trigonale
Processo litogenetico: primario
Colore: violetto

La pietra dell'anima

Può essere definita così in quanto è considerata una pietra molto **spirituale**. Potrebbe essere la prima pietra da usare per iniziare a contattare i cristalli, in alternativa al Cristallo di Rocca.

Nei suoi scritti Santa Ildegarda la consiglia per la purificazione della pelle del viso (che andrebbe lavato con acqua in cui è stata immersa la pietra), per curarsi dal morso dei ragni e per proteggersi da quello dei serpenti.

È una tra le più importanti pietre che vengono usate, utilissima per la **protezione** da energie dissonanti a qualsiasi livello.

Lavora sul 6°chakra ed è abbinata, per eccellenza, a questo centro energetico.

Schiarisce la mente, la purifica e la porta ad alti livelli di consapevolezza. Aumenta le **facoltà medianiche** e favorisce il **risveglio spirituale**, stimolando la percezione dell'energia cosmica e dell'amore universale.

Secondo la tradizione popolare è utile a chi ha subito la perdita di persone amate, aiutando a comprendere l'esistenza di un mondo soprannaturale e di un ordine superiore. In questo caso è bene usarla abbinata al Quarzo rosa, per produrre effetti positivi sia sul piano mentale che su quello emotivo.

Favorisce *l'intuizione* e *l'ispirazione*, e il suo colore violetto le conferisce potenti poteri di **guarigione**.

Calma le passioni, le emozioni violente e la rabbia, ed è perciò adatta alle persone che hanno la "testa calda". È bene usarla, abbinata ad una respirazione lenta e profonda, per rilassarsi e calmare la collera. Favorisce il sonno ed il vivido ricordo dei sogni, protegge dagli incubi. Si consiglia di tenerne una sotto il cuscino per godere di un riposo ristoratore e tranquillo.

Secondo alcuni, l'ametista sarebbe ottima per attenuare i disturbi dovuti agli eccessi di alcol.

Si può portare come ciondolo, anello o altro monile. Durante la meditazione è bene posarla sul 6° chakra. È utile infine per armonizzare e proteggere un ambiente, o addirittura tutta la casa, ponendola nei quattro angoli di una stanza o del perimetro dell'abitazione. Indispensabile per i terapeuti in quanto pietra di protezione, da indossare durante il lavoro, o per armonizzare la stanza dove si effettuano i trattamenti e creare uno spazio adatto alla guarigione. Le druse di questo minerale sono ottime per purificare e donare energia agli ambienti.

Si purifica sotto l'acqua corrente, si ricarica ai raggi indiretti del sole.

Avventurina

Classe minerale: ossidi, gruppo dei quarzi
Formula chimica: SiO2 + K, Al, F, Cr
Sistema cristallino: trigonale
Processo litogenetico: primario, secondario e terziario
Colore: verde brillante

Per esprimere l'emozione

È una varietà verde di quarzo, contenente inclusioni di mica e clorite. Insieme alle pietre di color rosa appartiene al chakra del cuore (4° chakra), ed esercita un importante effetto a **livello emotivo**: è *rilassante e calmante*.

È utile tenerne un cristallo vicino durante la notte, per avere un **sonno tranquillo** e **ristoratore**. Mentre il compito del quarzo rosa, anch'esso connesso con il cuore, è quello di sanare le antiche ferite e di aprire nuovamente l'anima all'amore, l'avventurina ha un **effetto tonico** e **stimola la persona a parlare**, ad esprimere la sofferenza, promuovendo così un **terapeutico sfogo delle emozioni**. Essa aiuta a **comprendere** le **esperienze vissute** ed a sviluppare un **atteggiamento emotivo** e **mentale positivo** armonizzando la mente con il cuore. Oltre che collocata sul 4° chakra, è molto utile averla addosso quando si deve affrontare un colloquio particolarmente importante o una grande platea, grazie al suo effetto rasserenante.

Secondo gli esperti di cristalli, a **livello** propriamente **fisico stimolerebbe e rafforzerebbe** il tessuto connettivo e muscolare. Stimolerebbe, inoltre, il metabolismo dei grassi abbassando il livello di colesterolo nel sangue.

Va purificata periodicamente con l'acqua corrente, la sua energia è potenziata dai raggi lunari.

Azzurrite

Classe minerale: carbonati
Formula chimica: Cu3(CO3)2 (OH)2 (Carbonato basico di Rame)
Sistema cristallino: monoclino
Processo litogenetico: secondario
Colore: blu profondo

La pietra dell'intelletto

Un bellissimo minerale dal colore blu intenso e brillante. È una delle pietre fondamentali della nuova era, legata alla **consapevolezza** ed alla **pace interiore**. Negli ultimi 20 anni il suo uso si è diffuso molto, da quando è diventata la pietra preferita dei cristalloterapisti statunitensi contemporanei.

È legata al 6° chakra, il cosiddetto terzo occhio, *libera* infatti *la mente* ed è la pietra fondamentale per *facilitare la meditazione* e tutte *le tecniche di rilassamento*. Con l'azzurrite *posta al centro della fronte* sarà più facile sgombrare la mente dai pensieri, l'effetto di rilassamento sarà totale e permarrà più a lungo.

L'Azzurrite rappresenta il *desiderio di conoscenza*, ed è quindi estremamente *benefica per lo studio*: facilita la **concentrazione**, la **percezione intellettuale**, l'*attenzione* e la *memoria*. Stimola lo spirito critico e facilita l'espressione del proprio pensiero. Va dunque posta nelle stanze dove si studia, negli uffici, vicino al computer. È utilissima per i manager, perché lavorando anche sul 5° chakra **migliora la comunicazione** con i collaboratori.

Secondo gli esperti di cristalli, a **livello dell'organismo** agirebbe come *rivitalizzante* e *disintossicante*, favorendo l'attività cerebrale, dei nervi e della tiroide.

Per ricevere al massimo la sua energia, l'Azzurrite deve essere usata in *meditazione*, o ponendo un pezzo del *minerale sul comodino*, vicino al letto.

È un minerale che difficilmente esaurisce le sue caratteristiche energetiche. Non deve essere mai pulito con il sale o l'acqua di mare, per il suo alto contenuto di rame, si consiglia l'acqua corrente o la drusa di quarzo ialino. Si ricarica alla luna, o alla luce del sole non diretta.

Calcedonio azzurro

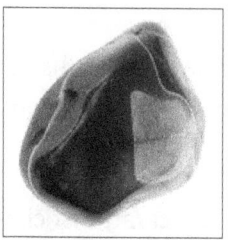

Classe minerale: ossidi, gruppo dei quarzi
Formula chimica: SiO2
Sistema cristallino: trigonale
Processo litogenetico: primario o secondario
Colore: azzurro, azzurro e bianco a strisce

La pietra della comunicazione e dell'ottimismo

Pietra già conosciuta nell'*antichità*, veniva associata all'*aria* e all'*acqua* e si usava per i disturbi da esse generati come *raffreddori* ed *influenze*.

Questo cristallo, che agisce sul 5° chakra, è legato a tutti gli aspetti della **comunicazione**, dal farsi capire al comprendere gli altri. Migliora la capacità dialettica e la proprietà di linguaggio.

Sviluppa inoltre **ottimismo e fiducia in se stessi** e poiché svolge un'azione anche sul 6° chakra dona **consapevolezza ed apertura mentale**. Aumenta la **creatività** e l'*intuizione*. Fa percepire in modo profondo i propri sentimenti e rende consci dei propri **desideri e aspirazioni**.

La tradizione la vuole capace di rafforzare *la memoria* ed aiutare nei momenti di stress. Per questo motivo, e per la sua azione positiva sulla capacità di comunicazione, si rivela utilissimo nello **studio** e durante gli **esami**.

Secondo la tradizione, a **livello fisico** agirebbe sull'apparato respiratorio, sarebbe benefico contro i **raffreddori** e i disturbi dovuti al **fumo**. Utile anche a chi soffre di **metereopatia**.

Favorirebbe il flusso della linfa e dei liquidi, **drenando** il loro eccesso nei tessuti. Infine, secondo gli esperti di cristalli, faciliterebbe la produzione di latte nella donna.

Si indossa come ciondolo o monile di altro genere. È una pietra ornamentale di facile reperibilità. Durante la meditazione si pone sul 6° chakra, per beneficiare della sua azione a livello mentale e spirituale.

Si purifica con l'acqua corrente, si ricarica alla luce indiretta del sole.

Chiastolite

Classe minerale: neosilicati, famiglia dell'andalusite
Formula chimica: AL2SiO5 (Silicato di Alluminio)
Sistema cristallino: rombico
Processo litogenetico: primario
Colore: bruno, grigio. Ha una lucentezza vitrea ed è traslucida

Uno scudo di protezione totale

Conosciuta come "pietra crociata", per la **croce di colore scuro** in grande risalto al centro, già a prima vista si presenta come una pietra sacra.

La sua energia si ancora naturalmente ai quattro punti cardinali, e funge da scudo di **protezione totale** dell'*aura*: si tratta di una pietra tra le più potenti in questo senso.

Usata durante la **preghiera** e la **meditazione** fa entrare più facilmente in contatto con il mondo dello spirito e con le guide spirituali più elevate. Potrebbe essere utile per tutti coloro che svolgono un servizio di aiuto agli altri, perché *esalta* la **compassione** e **protegge**.

La sua funzione è importante, soprattutto per rafforzare il sentimento della **fede** e dell'*altruismo*.

La Chiastolite, lavora sull'armonizzazione del 1° e del 3° chakra, aiuta l'individuo a **perseguire** i propri **obiettivi**, a superare la **timidezza** e la **passività**, a rafforzare il **senso di identità**.

Dona **sobrietà, prudenza** e **senso di realismo**. È anche **utilissima** per le **persone** molto **emotive**, perché ha un'azione **tranquillizzante**.

Secondo la tradizione, sul **piano fisico**, rafforzerebbe il **sistema nervoso** e sarebbe utile in casi di **debolezza**, riflessi lenti e disturbi motori.

Si indossa come ciondolo sul 3° chakra, in alternativa si porta in tasca. Durante la meditazione va posta sui chakra corrispondenti, per beneficiare dei suoi effetti a livello spirituale e mentale.

Si purifica con acqua e sale, oppure posandola sulla terra in un vaso di fiori. Si ricarica al sole

Corallo

Classe: Sostanze organiche
Formula chimica: CO_3 (ione carbonato) + Ca (Calcio), Mg (Magnesio), S (Zolfo), Fe_2O_3 (ossido di Ferro) e tracce di altre sostanze
Sistema cristallino: amorfo
Colore: rosso (tutte le tonalità), arancione, rosa, azzurro, bianco e nero

Energia rossa contro la debolezza

Il Corallo è l'impalcatura endoscheletrica ramificata secreta dai Celenterati Antozoi (polipi che costituiscono colonie marine) che vivono in acque temperato-calde.

Esistono diversi tipi di Corallo, il più noto nei nostri mari è il **corallo rosso**, formato dal *Corallium rubrum*, c'è poi il **corallo nero**, che è formato dal *Parantipathes larix* nel mar Mediterraneo e nel Mar Rosso, mentre l'*Heliopora coerulea* forma il **corallo azzurro** presente negli atolli degli oceani Pacifico e Indiano.

Da millenni viene usato per la **protezione** da ogni tipo di **energie negative**.

In India la tradizione del corallo è antichissima, si è sempre utilizzato come **talismano protettore** e **amuleto** che favorisce guadagni, contatti e buone occasioni.

Anche per gli Indiani d'America è una pietra dal **grande potere**, che viene utilizzata insieme al turchese per garantire una **protezione totale** dai quattro elementi: terra, aria, acqua e fuoco.

In Italia il corallo è molto usato per tradizione: viene venduto come pietra ornamentale e impreziosito con montature in oro e argento sotto forma di braccialetti, anelli, collane e scaramantici cornetti.

Si consiglia di **usarlo durante i viaggi**, specialmente in paesi stranieri, per protezione e per conservare la propria **stabilità e centratura**.

Il corallo rosso è infatti una pietra che agisce sull'**armonizzazione** del 1° chakra. Secondo la tradizione, la sua azione si esplicherebbe, in particolare, a livello fisico: è consigliato nei momenti di **stanchezza fisica** e **mentale** e di **convalescenza** da malattie debilitanti, poiché aumenterebbe le energie. Questa pietra, nella sua variante rosa, agisce sul **piano emozionale**, donando spensieratezza e facendo emergere il bambino che è in noi.

Regalatevelo e regalatelo, è comunque e sempre di buon augurio.

È bene purificarlo in acqua corrente e ricaricarlo alla luce del sole.

Corniola

Classe minerale: ossidi, gruppo dei quarzi
Formula chimica: SiO2 + (Fe, O, OH)
Sistema cristallino: trigonale
Processo litogenetico: primario
Colore: arancio, rosso, bruno

Il perfetto amuleto

La corniola è una varietà di calcedonio, che dona **stabilità, concretezza, razionalità**.

Questa pietra dal bel colore arancio lavora sul 2° chakra, mettendoci in contatto con le nostre emozioni, e apporta **felicità, gioia di vivere** ed **energia**. Ci fa apprezzare i piaceri della vita e quanto il mondo fisico può offrire.

Aumenta la **fiducia** in noi stessi, permettendoci di esprimere la nostra vera natura, e di conseguenza **guarisce** dall'**invidia** e dalla **gelosia**.

È una pietra **altamente protettiva** e una delle più usate per gli amuleti.

Agendo sul 2°chakra, ha a che fare con tutto ciò che riguarda l'**assimilazione**, non solo a livello fisico ma anche emotivo. Ci aiuta ad assorbire le **esperienze vissute** e a trarne insegnamento.

Sarebbe adatta anche alle persone dalla **mente assente** e sfocata, che hanno bisogno di stare con i piedi per terra: li aiuta a concentrarsi sul presente e a essere realisti e pratici.

Secondo gli esperti di cristalli, dal punto di vista fisico, apporterebbe al corpo **energia** e **calore**. Avrebbe un'azione **purificante** sul sangue e lo arricchirebbe, favorendo l'assimilazione di sostanze nutritive e vitamine. Aiuterebbe intestino e cistifellea e potrebbe essere utile in caso di aerofagia e dolori addominali.

Nei suoi scritti, Santa Ildegarda la consiglia per fermare le emorragie dal naso.

Si può portare come anello o ciondolo, con una lunga catenina per avvicinarla alla zona del 2°chakra, o porre, in un sacchetto di cotone, direttamente sulla zona da trattare. Se si usa durante la meditazione, va appoggiata sul 2°chakra per pulirlo ed equilibrarlo.

La tradizione orientale, sostiene che sia molto utile per **armonizzare la casa** e **proteggerla da influenze negative** e campi elettromagnetici. A questo scopo, la si può disporre ai quattro angoli di una stanza o del perimetro dell'intera casa.

Si purifica con il metodo del sale e con gli altri metodi di pulizia. Si ricarica alla luce del sole.

Crisocolla

Classe minerale: ciclosilicati
Formula chimica: CuSiO3.2H20 + Al, Fe, P
Sistema Cristallino: monoclino
Processo litogenetico: secondario
Colore: verde-turchese

Anima al femminile: placa le emozioni

È una pietra particolarmente diffusa tra gli indiani d'America, che la usano per aumentare la **resistenza fisica** e per **placare la rabbia**.

La Crisocolla è una pietra femminile, passiva eppure potente, molto versatile.

Agisce sul 2°, 4° e 5° chakra. Riconnette con la terra e con i sui ritmi e cicli.

Secondo gli esperti di cristalli, sarebbe la pietra ideale da usare in caso di **problemi femminili**: potrebbe essere utile collocarla sulla zona utero-ovaie, per un periodo di 2-3 mesi. Utile anche portarla addosso durante il parto.

Collocata sul chakra del cuore (4° chakra) è un ottimo **equilibratore emozionale**, allevia la tensione nervosa e la collera riportando a uno stato di pace.

Per le sue proprietà femminili aiuta gli uomini ad entrare in contatto con le proprie emozioni e rende le donne più materne e comprensive. La Crisocolla stimola l'anima ad abbandonarsi alle forze divine della natura, apporta **pace e serenità**, aiuta a vivere in *armonia* con se stessi e con il mondo circostante. È la pietra perfetta per chi soffre di **nostalgia**.

La sua azione sul 5°chakra si manifesta aiutando la **comunicazione e l'espressione artistica**. Se posta alla base del collo risolverebbe i problemi di gola e di voce. Stimola la comunicazione, favorisce il dialogo, se ne consiglia l'uso a chi cerca la riconciliazione con una persona cara, poiché favorisce l'espressione del **perdono reciproco** ed il trionfo dell'*armonia*.

Utile durante la meditazione, perché apporta **pace alla mente ed al cuore**. Si può posare una pietra sull'ombelico o sul cuore, inalando la sua luce turchese ed esalando le energie indesiderate.

Non purificarla con il sale, per l'alto contenuto di rame, sarà sufficiente posarla sulla terra di un vaso o su una drusa, meglio se di Ametista. Si ricarica alla luce della luna.

Crisoprasio

Classe minerale: ossidi, gruppo dei quarzi
Formula chimica: SiO2+ (Ni)
Sistema cristallino: trigonale
Processo litogenetico: secondario
Colore: verde mela

La pietra di Alessandro Magno

In antichità veniva associato alla dea Venere nel suo aspetto di dea giusta, ed era simbolo dell'amore per la verità.

Santa Ildegarda lo consiglia per *curare* la gotta, da posare sui punti dolenti, e per *placare l'ira*, adagiandolo sulla gola.

Si tramanda fosse la pietra porta fortuna di Alessandro Magno.

Questo cristallo, dal particolare colore verde, lavora sul chakra del cuore (4°), fa percepire la *spiritualità*, donando consapevolezza del sé. Mette in sintonia con le forze benefiche della natura permettendo di scoprire in esse il collegamento con il divino.

Armonizzando il chakra del cuore dà *calma e serenità* a livello *mentale ed emotivo*, rende soddisfatti, gioiosi e fiduciosi.

Ha una potente azione di *purificazione* a livello *psicologico*, permette così di liberarsi da schemi di pensiero negativi. Utilissimo per chi soffre di *incubi ricorrenti* e per i bambini che si svegliano la notte dopo aver fatto brutti sogni.

Lavora anche sul 2° chakra e potrebbe essere utile per disturbi dell'apparato genitale maschile e femminile, aiuterebbe la fertilità.

Secondo la tradizione, dal punto di vista fisico avrebbe inoltre un'azione **disintossicante**. Stimolerebbe l'attività del fegato permettendo una depurazione profonda. Potrebbe per questo alleviare i sintomi delle dermatiti ed in abbinamento al quarzo fumé potrebbe essere d'aiuto per le micosi.

Si può indossare come monile di vario genere o come semplice pietra burattata. In caso di incubi è bene metterlo sotto il cuscino durante la notte. Ottimo da usare durante la meditazione posto sul chakra del cuore, immaginando che la sua dolce luce penetri nel corpo apportando pace e serenità.

Si purifica con le metodiche già descritte, si ricarica alla luce della luna.

Diamantino

Classe minerale: ossidi, gruppo dei quarzi
Formula chimica: SiO_2
Sistema cristallino: trigonale
Processo litogenetico: primario
Colore: trasparente

Uno spettacolo di luce, che nasce dall'acqua

È un quarzo che viene estratto unicamente nella contea di Herkimer nello stato di New York. Questo cristallo naturale è solitamente **biterminato**, cioè con due punte. Ha una spettacolare **lucentezza**, tanto da sembrare un diamante.

Si forma nell'acqua, non in un substrato solido come avviene ad esempio per il cristallo di rocca: è quindi libero di crescere ed espandersi senza costrizioni. Poiché conserva questa qualità intrinseca, quando viene indossato **dona grande senso di libertà e di indipendenza**. Per la sua trasparenza e luminosità, convoglia enormi quantità di **luce bianca** che si riflettono sulla persona che ne fa uso, donando **moltissima energia, senso di allegria e gioia**.

Lavora sul 7° chakra purificandolo e portando **vibrazioni vivificanti** e altamente **spirituali**. Si può dire che questa gemma abbia proprietà analoghe a quelle del diamante, ma in tono più lieve e giocoso. Dona **forza e chiarezza interiore**, induce rispetto per se stessi.

Fa superare le paure e il senso di vuoto. Inoltre, rafforza la capacità di prendere decisioni e di **risolvere i problemi**. Da usare se si vuole un sostegno superiore.

Secondo gli esperti di cristalli, dal punto di vista fisico, svolgerebbe prevalentemente un'azione a livello psicologico, facendo prendere **coscienza** di sé stessi. Sarebbe utile per gli organi collegati con l'attività psichica.

Si indossa come ciondolo o si può usare durante la meditazione per equilibrare il 7° chakra ed avere chiarezza di idee.

Si purifica sotto l'acqua corrente e si ricarica alla luce del sole.

Diaspro

Classe minerale: ossidi, gruppo dei quarzi
Formula chimica: $SiO_2 + Fe, O, OH, Si$
Sistema cristallino: trigonale
Processo litogenetico: secondario
Colore: rosso, bruno, verde, giallo e multicolore

In connessione con la Natura

Il Diaspro è una varietà di Calcedonio, compatto e opaco, e si può trovare di un unico colore, anche se più spesso è multicolore, variegato, con macchie e disegni. Questo minerale ha un'energia che riguarda prevalentemente il campo fisico.

Connette con la natura in ogni sua forma, e regala quelle energie che si ottengono solo vivendoci a profondo contatto. Ci insegna che la Terra è nostra madre e può sostenerci e fornirci tutto ciò di cui abbiamo bisogno.

Nei suoi scritti, Santa Ildegarda lo consiglia per migliorare l'udito, per curare un eccesso di muco nasale e come protezione per le donne che hanno appena partorito.

Vi sono moltissime varietà di questo minerale, ognuna con caratteristiche specifiche che agiscono in sintonia con i diversi chakra, secondo il loro colore.

Il diaspro rosso

Lavora sul 1° e sul 2° chakra, porta radicamento e solidità nella nostra vita. È una pietra che ci fa sentire con i piedi ben poggiati al suolo. Connettendoci alla terra, dona *creatività* ed è utile agli artisti che lavorano con materiali solidi, come artigiani e scultori. Questo cristallo infonde *forza e coraggio, vitalità e spirito di iniziativa*. È una pietra sacra per gli Indiani d'America, che la usano come *protezione* dalle energie dissonanti. Infatti le allontana e protegge dalle persone che sottraggono energia vitale. Utile indossarla in presenza di chi tende a sopraffarci.

Secondo la tradizione, per quanto riguarda la parte fisica, grazie al suo contenuto di sali minerali, e *stimolerebbe la circolazione di energia* nell'organismo.

Per la pulizia si consiglia il metodo del vaso di fiori o il sale. Si ricarica alla luce del sole.

Il diaspro giallo

Dona *gioia di vivere e solarità*. Secondo gli esperti di cristalli, agirebbe sul 3°chakra, perciò aiuterebbe gli organi della digestione. Rispetto ad altre pietre in sintonia con questo centro energetico, come Citrino, Topazio o Peridoto, presenta una vibrazione più fisica. Favorisce l'*intuizione* e aiuta la *mente*, stimolando la capacità di prendere decisioni. *Rende tenaci*.

Per purificarlo si consiglia l'acqua corrente o il metodo del sale. Si ricarica alla luce del sole.

Il diaspro verde

Dona *calma e serenità*. Per il suo colore è in sintonia con il 4°chakra, o chakra del cuore. *Rilassa la mente*, dona atteggiamenti e pensieri positivi.

Dal punto di vista fisico sarebbe molto benefico per le funzionalità del fegato, come lo sono altre pietre verdi quali lo Smeraldo, la Malachite, il Peridoto. Sarebbe disintossicante e antinfiammatorio.

Per la purificazione si consiglia il vaso di fiori o il metodo del sale, si ricarica alla luce indiretta del sole o a quella della luna.

Il diaspro, in generale, si può indossare come ciondolo o bracciale, o applicare direttamente sulla zona da trattare. Per protezione, si può collocare negli ambienti o portare in tasca o nella borsa.

Eliotropio

Classe minerale: ossidi, gruppo dei quarzi
Formula chimica: SiO2+Al, Fe, Mg, OH, Si
Sistema cristallino: trigonale
Processo litogenetico: secondario
Colore: verde con inclusioni rosse

Il raggio verde delle pietre

Detto anche diaspro sanguigno era conosciuto fin dall'antichità per le sua potente azione terapeutica. Veniva usato per curare infezioni e intossicazioni. I soldati romani lo portavano per proteggersi dalle **emorragie**.

Questo cristallo dal bel colore verde macchiato di rosso, lavora sul 1°chakra e sul chakra del cuore, collegandoli ed armonizzandoli. Permette il fluire della forza vitale, riduce lo **stress** a livello mentale ed **emotivo**. Rende sereni calmando l'**impazienza** e l'**aggressività**.

Utile per persone che si sentono stanche e svuotate, anche a livello emozionale, può essere posto sotto il cuscino e usato durante la notte. Donerà energia ed una benefica attività onirica.

Secondo la tradizione attiverebbe il **sistema immunitario,** lavorerebbe sul fegato svolgendo una azione disintossicante, ossigenando il sangue e bilanciando il ferro.

Attiverebbe il metabolismo **vivificando tutto l'organismo.** Potrebbe rivelarsi utile in caso di cicli mestruali con flusso troppo abbondante.

Oltre all'uso notturno, si può indossare come ciondolo all'altezza del cuore, modo particolarmente indicato, per un'azione diretta al sistema immunitario, o come semplice pietra burattata, braccialetto e monile di altro genere. Durante la meditazione si può posare sui chakra corrispondenti.

Si purifica e si ricarica ponendolo sulla terra di un vaso di fiori, oppure sotto l'acqua corrente ed alla luce del sole non diretta.

Ematite

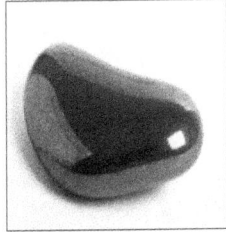

Classe minerale: ossidi
Formula chimica: Fe_2O_3+Mg, $Ti+(Al,Cr,Mn,Si,H_2O)$
Sistema cristallino: trigonale
Processo litogenetico: primario o terziario
Colore: grigio scuro metallico

Ferro e sangue

Questa pietra legata al pianeta Plutone e ricca in ferro, era nota fin dall'antichità per le sue virtù terapeutiche sul sangue. Nell'antico Egitto veniva infatti usata per favorirne la produzione e la coagulazione.

L'Ematite lavora sul 1°chakra ed una delle sue proprietà più importanti è *rafforzare le energie fisiche* e *rivitalizzare l'organismo*, aumentando di conseguenza la *resistenza* allo *stress*.

Radica l'energia ad ogni livello e consente di sentirsi *centrati* e *concreti*, utile nei momenti di sbandamento. Ha inoltre un azione *vivificante* sul piano mentale e sulla parte *razionale* del cervello.

Secondo la tradizione, dal punto di vista fisico sarebbe utile in caso di anemie, perché favorirebbe l'assimilazione del ferro da parte dell'intestino, attivando la circolazione sanguigna e l'assorbimento dell'ossigeno da parte dei tessuti.

Per le sue potenti proprietà e per la vibrazione, adatta al 1°chakra, si sconsiglia di indossarla nella parte superiore del corpo ad esempio come ciondolo o collana. Inoltre, sarebbe meglio usarla come singola pietra da portare in tasca o come braccialetto combinato con cristalli di quarzo di rocca o di quarzo rosa. Durante la meditazione, per riprendere energie, si può posare sul primo chakra o vicino alla pianta dei piedi.

Si purifica sotto l'acqua corrente o sulla terra di un vaso di fiori, si ricarica alla luce del sole.

Ferro tigrato

Classe minerale: ossidi
Formula chimica: $Fe_2O_3+SiO_2+Al$, Na, Fe, Mg
Sistema cristallino: trigonale
Processo litogenetico: terziario
Colore: a strisce grigio, rosso, giallo

Più determinazione e forza per cambiare

Questa pietra si forma per un processo di metamorfosi da rocce preesistenti e contiene diaspro, ematite ed occhio di tigre.

È utile nei momenti in cui si sente il **bisogno di cambiare**. Dona infatti **determinazione** nel prendere le decisioni e vigore per intraprendere il **nuovo cammino**. Sostiene inoltre sviluppando perseveranza e resistenza per non desistere dai propri propositi ed avere **fiducia** nelle scelte fatte.

Rende agili ed energici a livello mentale permettendo di trovare **soluzioni semplici** ed **efficaci** ai **problemi** che si presentano nel cambiamento ed in generale nella vita.

Pietra legata agli aspetti materiali lavora sul 1° e 2° chakra equilibrandoli e producendo un radicamento e consolidamento delle energie.

Secondo gli esperti di cristalli, dal punto di vista fisico, sarebbe utile in tutti gli stati di esaurimento e di **carenza di energia**. In particolare, la tradizione conferisce al ferro tigrato, un effetto benefico perché favorirebbe l'assimilazione del ferro da parte dell'organismo.

66 - Il potere dei cristalli

Si indossa come ciondolo o semplice pietra burattata, è consigliabile tenerla a diretto contatto della pelle.

Si purifica sotto l'acqua corrente o sul vaso di fiori, si ricarica alla luce del sole.

Fluorite

Classe minerale: alogenuri
Formula chimica: CaF_2 + (C, Cl, Fe, Ce, Y)
Sistema cristallino: cubico
Processo litogenetico: primario, secondario o terziario
Colore: trasparente, giallo, verde, blu, violetto

La pietra del genio

La Fluorite è un minerale che si presenta spesso multicolore – viola, bianco e verde – oppure in varietà monocromatiche – blu, giallo, viola, verde o bianco.

In ogni caso, i suoi colori sono in sintonia con i chakra superiori, dal 3° fino al 7°, indicando che questa pietra lavora a una vibrazione sottile.

Agisce principalmente al livello della **mente**, aiutando i **processi logici** e la **concentrazione**.

Si può presentare sotto forma di cristalli, druse o pietre grezze. I cristalli hanno la struttura di ottaedro, con due piramidi che si incontrano alla base. Portano **armonia** nella persona e negli ambienti. Le druse sono invece costituite da caratteristiche formazioni che ricordano una città del futuro costellata di grattacieli. Queste donano ordine alla **mente**.

È ottimo tenere un cristallo sulla scrivania dello studio o in ufficio, mentre le druse sono indicate per i laboratori di ricerca o gli studi di ingegneria e di programmazione di computer, dove è al lavoro una mente logica, focalizzata e intuitiva ad alti livelli. La drusa rappresenta la mente tecnologica.

La Fluorite dona *libertà di pensiero* e *rende creativi e fantasiosi*. La sua azione sul 6°chakra aiuta a sviluppare *consapevolezza spirituale*, a penetrare il significato profondo delle cose e a stimolare poteri medianici. Questa gemma porta inoltre la mente in sintonia con lo spirito, e il piano fisico a contatto con l'incorporeo, consentendoci di applicare nelle attività quotidiane capacità mentali superiori e di aumentare la forza cerebrale. Conducendo al livello più alto di acquisizione della mente, viene chiamata la "pietra del genio".

Se la mente è stanca e confusa si consiglia, durante la *meditazione*, di posare un cristallo di Fluorite sul 6°chakra: si riavrà presto chiarezza e ordine mentale. La gemma è indicata anche per le persone che utilizzano molta energia fisica e psichica.

Secondo la tradizione, a livello fisico, l'uso di questa pietra potrebbe avere effetti benefici ai *denti* alle *ossa*. Utile per le *articolazioni*, le manterrebbe flessibili ed elastiche. Sarebbe ottima per i dolori alla schiena. Infine, rigenererebbe il *sistema nervoso*.

Si può portare come ciondolo, monile di altro genere o semplicemente a contatto del corpo in un sacchetto di cotone. È una pietra delicata, quindi facile a rompersi.

Si purifica sotto l'acqua corrente, si ricarica alla luce indiretta del sole.

Giada

Classe minerale: fillosilicati
Formula chimica: NaAl[Si2O6] + Ca, Fe, Mg, Mn
Sistema cristallino: monoclino
Processo litogenetico: terziario
Colore: verde, biancastro, lilla, violaceo

La sorgente dei sogni

In Estremo Oriente questo minerale è sempre stato considerato porta fortuna e simbolo di pace e riconciliazione. Tuttora viene usato per la fabbricazione di amuleti. La sua durezza consente tra l'altro di intagliarlo con facilità. È noto inoltre fin dall'antichità per il suo benefico effetto sui reni.

La giada lavora sul 4°chakra, **rende amorevoli** e disponibili verso il prossimo. **Stabilizza le emozioni**, portando **serenità** e donando **coraggio** e **senso di giustizia**. La sua azione sul chakra del cuore è diversa da quella esercitata dal quarzo rosa: a differenza di quest'ultimo che allieverebbe pena e sofferenza, la giada faciliterebbe il contatto con la forza guaritrice della natura e con la dolcezza delle sue vibrazioni.

Stimola fortemente l'*attività onirica*, producendo sogni, che potrebbero essere anche rivelatori. Si consiglia di tenere un quaderno accanto al letto e scrivere quanto si è sognato, per poterlo rileggere e riceverne ispirazione.

Questa gemma fa sì che l'individuo si senta un entità spirituale, lo spinge a realizzarsi e a vivere la sua vita in modo indipendente.

Agevola la **produzione di idee** e **combatte la pigrizia**, rendendo più attive le persone che la indossano.

Secondo gli esperti di cristalli, dal punto di vista fisico, rafforzerebbe i **reni** e il **cuore**, e purificherebbe il **sangue**.

Si può portare come ciondolo, come gioiello o in un sacchetto di cotone. È bene tenerla all'altezza del cuore o dei reni, a seconda dell'uso a cui è destinata.

Per la meditazione si può posare sul 4°chakra, se si vuole aprire il cuore, oppure sul 6° per aumentare la consapevolezza e portare alla luce memorie nascoste, le quali riappariranno in modo dolce e mai repentino, come accade invece con l'uso dell'Ossidiana.

Si purifica sotto l'acqua corrente. Si ricarica alla luce indiretta del sole o sotto la luna, nel caso si vogliano potenziare le sue qualità femminili e stimolare l'attività onirica.

Granato

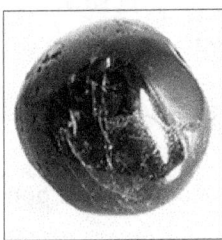

Classe minerale: neosilicati
Formula chimica: $Me2+3\ Me3+2(SiO4)3 + Al, Ca, Fe, Mg, Mn, Ti$
Sistema cristallino: cubico
Processo litogenetico: terziario
Colore: rosso, bruno, verde

La pietra del coraggio

Il granato è presente in più varietà che si distinguono per colore e formula chimica. La più nota e senz'altro quella di colore rosso scuro (granato almandino). Questa gemma, conosciuta nel medioevo con il nome di carbonchio, veniva montata sulle else delle spade e sugli scudi per **donare coraggio** ai soldati e proteggerli nella battaglia. Simbolicamente era la pietra che faceva risplendere la luce nel buio portando all'anima guarigione e spiritualità.

Essa aiuta ad **uscire dalle situazioni irrisolvibili**. Adatta ai momenti critici in cui crollano i valori e ci si sente perduti. Dona ardore e **voglia di affermarsi**. Spinge inoltre a collaborare con gli altri nell'interesse comune.

La sua azione è indirizzata al 1°chakra, promuovendo **forza di volontà, fiducia nelle proprie capacità** e **perseveranza**. Libera anche dai tabù e dona passionalità. Agisce anche sul chakra del cuore (4°), connettendolo con il 1°, permettendo così di elevare le passioni ad un livello più spirituale.

Secondo la tradizione, dal punto di vista del corpo **apporterebbe calore**, favorirebbe la rigenerazione fisica e la vitalità, stimolerebbe *il **metabolismo**,* l'assimilazione dei nutrienti e rinnoverebbe il ***sangue***. Sarebbe utile da indossare per riprendere le forza dopo momenti di affaticamento. Avrebbe inoltre un effetto positivo sul ***sistema immunitario*** e sulla ***circolazione sanguigna***.

Il granato si può portare montato come monile di vario genere (orecchini, bracciali, anelli), oppure come semplice pietra burattata in tasca o in un sacchetto di cotone. Durante la meditazione si può porre sui chakra corrispondenti.

Si purifica sotto l'acqua corrente e si ricarica alla luce del sole

Kunzite

Classe minerale: fillosilicati, famiglia dello spodumene
Formula chimica: LiAl[SiO6]+Ca, Mg, Mn, Na
Sistema cristallino: monoclino
Processo litogenetico: primario
Colore: rosa, lilla

Per combattere paure e tristezza

Questa gemma prende il nome da G.F. Kunz che la scoprì nel 1902 in California.

Pietra **delicata** e **femminile** lavora sul chakra del cuore e sulle emozioni.

Sviluppa **amore** ed **accettazione** per se stessi, facendo sentire degni di meritare il meglio dalla vita.

Sciogliendo ogni **rigidità emotiva** rende inoltre **disponibili** ed **aperti** verso gli altri. Sviluppa **gioia** e **serenità**.

Adatta per le donne che trovano **difficoltà** ad **accettare** la propria **femminilità** e che di conseguenza potrebbero avere problemi psicosomatici.

Dal punto di vista fisico, la tradizione assegna a questa pietra funzioni benefiche sul **sistema nervoso,** perché allevierebbe i disturbi dovuti alla compressione dei nervi come la **sciatica**, le **nevralgie** ed i danni agli **organi** di **senso**.

Si può indossare come ciondolo all'altezza del cuore, come braccialetto o anello. Per gli stati dolorosi va posta direttamente a contatto della pelle sulla parte da trattare.

Usata durante la **meditazione** posta sul chakra del cuore lo apre alla **gioia**. Questa pratica, ripetuta durante la giornata, è utile nei casi in cui si è giù di morale.

Si purifica sotto l'acqua corrente si ricarica alla luce del sole non diretta.

Labradorite

Classe minerale: tettosilicati, famiglia dei feldspati
Formula chimica: $Na[AlSi_3O_8]Ca[Al_2Si_2O_8]+Fe,K,Ba,Sr$
Sistema cristallino: triclino
Processo litogenetico: primario
Colore: verde, azzurro, grigio, nero brillanti

La pietra che viene dal Nord

Questo cristallo prende il nome dalla penisola del Labrador dove è stato scoperto nel 1770.

Come la luce incidente mette in evidenza gli splendidi colori iridescenti di questa pietra, così la Labradorite è lo ***specchio*** della nostra ***anima***, ci fa comprendere chi siamo, risveglia le ***qualità nascoste*** permettendo la nostra ***realizzazione***. Evidenzia i nostri ***scopi*** e le nostre ***intenzioni***.

Lavora sul 6°chakra, aprendolo ed armonizzandolo, accresce l'***intuitività*** e i ***poteri medianici***. Aumenta l'introspezione e fa emergere i vecchi ricordi.

Promuove lo spirito contemplativo e la profondità di sentimenti. Stimola la fantasia, la creatività e dona entusiasmo.

È inoltre utile alle persone timide perché dona ***disinvoltura e sicurezza di sé***.

Secondo gli esperti di cristalli, a livello fisico, potrebbe avere un effetto positivo sulla ***pressione***, rivelandosi benefica nei casi di *ipertensione*. Sarebbe indicata anche per i raffreddamenti e nei casi di asma. Potrebbe avere un'azione **rilassante**.

Si può portare come ciondolo o monile di altro genere. Gli esperti consigliano, se si vuole ottenere un beneficio a livello fisico, di tenere la pietra a contatto della pelle. Durante la **meditazione** o il rilassamento svolge un'azione soprattutto a livello spirituale e mentale, che viene potenziata se usata in abbinamento al cristallo di rocca.

Si purifica sotto l'acqua corrente, si ricarica alla luce indiretta del sole.

Lapislazzuli

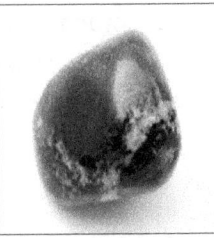

Classe minerale: Tettosilicati
Formula chimica: (Na,Ca)8[(SO4/S/Cl)2/(AlSiO4)6] + Fe
Sistema cristallino: cubico
Processo litogenetico: terziario
Colore: Azzurro scuro intenso. Non è uniforme a causa delle presenza di altri materiali come la pirite e la calcite. Le "macchie" possono essere bianche, grigio chiaro o scuro, dorate

Per esprimersi al massimo

Il Lapislazzuli era molto usato nell'antico Egitto, si riteneva che il suo blu profondo fosse il colore dei Re e che la sua luce cosparsa di punti dorati mettesse in connessione con il divino. La polvere di Lapislazzuli veniva impiegata per tingere le stoffe destinate al Faraone, e anche in medicina per combattere i disturbi mentali e purificare l'anima.

Questa pietra si connette principalmente con il livello mentale, mettendo in contatto chi la indossa con blocchi e traumi del passato. Si raccomanda l'uso di questa gemma per eliminare le vecchie ferite dell'inconscio, abbinandola al Quarzo Rosa o all'Ametista.

Il Lapislazzuli, che come la altre pietre blu lavora sul 5° chakra, favorisce l'*espressione di sé*, la *comunicazione* a tutti i livelli, l'eloquenza. Stimola la *creatività artistica* e la sua espressione. È utile per vincere la timidezza e i sentimenti di inadeguatezza, e per promuovere una maggiore integrazione con gli altri. È inoltre estremamente efficace per favorire la coordinazione tra il pensiero e l'espressione verbale: è raccomandabile a tutti coloro che utilizzano la voce nella loro professione e per vincere il timore di esibirsi in pubblico.

Questa gemma aumenta la potenza del 6° chakra, infondendo **chiarezza mentale**. È la pietra della **saggezza**, della **verità**, dell'*integrità*, dell'*illuminazione*. Utile per ricevere l'ispirazione, se si svolge un lavoro di tipo creativo. Si consiglia di porne una sulla scrivania mentre si studia o ai quattro angoli della stanza dove si lavora.

Dal punto di vista fisico potrebbe, sostengono gli esperti dei cristalli, liberare dalla tensione, dalla depressione e dallo stress. È una pietra con qualità maschili che dona **vitalità ed energia all'organismo**. Sarebbe, quindi, indicata per aumentare la virilità, se questa si riduce a causa di tensione ed ansietà.

La tradizione affida a questa pietra, effetti benefici per la tiroide, la laringe e le corde vocali, e per alleviare i **raffreddori allergici**. Potrebbe aiutare ad abbassare la **pressione** se è troppo alta, e a regolarizzare il ciclo mestruale.

È estremamente versatile: la si può portare come ciondolo sul petto, incastonata in un anello, nel taschino della camicia, appesa al polso o semplicemente nella tasca dei pantaloni. In caso di problemi alla gola è bene averla come ciondolo alla base del collo.

Si può usare durante la meditazione, appoggiandola al centro della fronte, per promuovere la **chiarezza mentale**, il **rilassamento**, l'*ispirazione*.

È da preferire la varietà di Lapislazzuli blu intenso con evidenti inclusioni dorate, dato che la sua valenza energetica è più alta di quella del minerale azzurro chiaro.

Per purificarlo usate l'acqua corrente, per ricaricarlo esponetelo alla luce solare.

Lepidolite

Classe minerale: fillosilicati, gruppo delle miche
Formula chimica: $KLi2Al[(OH,F)2/Si4O10]+Ca$, Fe, Mg, Mn
Sistema cristallino: monoclino
Processo litogenetico: primario
Colore: rosa, violaceo

Per ottenere serenità, energia e chiarezza

La Lepidolite venne scoperta nel 1700. Chiamata inizialmente Lilalite, il suo nome fu poi cambiato in quello attuale.

Cristallo ricchissimo di litio, si presenta in **due tonalità** di colore.

La prima è la varietà **rosa**, che agisce sul chakra del cuore (il 4°) neutralizzando i **traumi emotivi** profondi e portando **serenità**, ed è adatta alle persone ipersensibili e a chi è triste. Ottima indossata in abbinamento con il crisoprasio, per affrontare con coraggio la risoluzione delle ferite emotive, e con l'avventurina per alleviare lo stress legato a questo processo.

La tonalità **viola**, invece, è in sintonia con il 6° chakra e bilancia la mente portando **chiarezza, calma e pace**. Si rivela adatta alle persone agitate e nervose. Nei casi di **insonnia** potrebbe essere utile metterne un esemplare sotto il cuscino.

La sua azione a livello mentale rende **riflessivi, obiettivi** e aiuta a **prendere decisioni**.

Dal punto di vista fisico potrebbe avere qualità **energetiche**. Secondo la tradizione, aiuterebbe in caso di **sciatica, nevralgie e dolori articolari in genere.**

Si può indossare come ciondolo o portare in tasca. Per dolori localizzati va posta direttamente sulla zona da trattare, con l'aiuto di un cerotto di tipo anallergico. Nella **meditazione** si può porre sui chakra corrispondenti per sanare il cuore o per portare pace alla mente.

Si purifica con l'acqua corrente, si ricarica alla luce del sole non diretta.

Magnesite

Classe minerale: carbonati
Formula chimica: MgCO3+Ca, Fe, MN
Sistema cristallino: trigonale
Processo litogenetico: secondario, raramente primario
Colore: bianco con striature grigio-nere

Il cristallo dell'ottimismo

La magnesite si genera dalla disgregazione e dalla successiva sedimentazione di rocce contenenti magnesio, di cui è ricco il cristallo. Ha un'azione **calmante**, mitiga il nervosismo e gli stati di eccitazione, insegna ad ascoltare e ad essere pazienti, genera **ottimismo**.

Lavora sul 3° chakra, aiutando ad accettare se stessi e a volersi bene.

Gli esperti dei cristalli considerano questa pietra molto utile per i **problemi** di carattere digestivo e anche per alleviare crampi e dolori allo **stomaco** e all'**intestino**.

In questi casi, la magnesite andrebbe posta direttamente sulla zona interessata. Stimolerebbe, inoltre il **metabolismo** dei grassi e aiuterebbe a prevenire la **calcificazione** dei tessuti e dei vasi sanguigni. In questi casi è ottima da bere l'**acqua potenziata**, che si ottiene immergendo la pietra per ventiquattro ore in una brocca di acqua. Si consiglia di continuarne l'assunzione per un periodo di due o tre mesi.

Poiché è *ricca di magnesio*, la pietra è indicata in tutti casi di carenza di questo elemento. Si può indossare come ciondolo o portare in tasca. Durante la meditazione, se posta sul chakra corrispondente, dona serenità e pace.

Si purifica sotto l'acqua corrente o sulla terra di un vaso di fiori. Si ricarica al sole.

Malachite

Classe minerale: carbonati
Formula chimica: $Cu_2[(OH)_2/(CO_3)]+H_2O+(Ca, Fe)$
Sistema cristallino: monoclino
Processo litogenetico: secondario
Colore: verde di varie tonalità. La Malachite ha una colorazione particolare a bande di gradazione diverse, che vanno dal verde tenue al verde intenso

Per la bellezza, la donna, l'inconscio

La Malachite è una delle più antiche pietre conosciute, da migliaia di anni è impiegata come pietra di trasformazione.

In Egitto era usata dalle caste superiori. I copricapo dei Faraoni ne erano orlati per conferire loro saggezza nel governare. Veniva anche polverizzata e usata come cosmetico e sollievo per la cura degli occhi. Nel Medioevo era consigliata per i problemi mestruali e per alleviare i dolori del parto.

La Malachite, secondo la tradizione, **aiuta l'attività nervosa e cerebrale**, fa da specchio al **subconscio** e lo purifica. Ci dice la verità su noi stessi e porta in superficie quello che è nascosto alla nostra coscienza. Portarla addosso fa emergere quello che impedisce la nostra crescita spirituale. Ci rende consapevoli dei nostri **desideri, ideali e bisogni**.

Questa gemma ricorda i colori della natura, il verde rilassante dei prati e dei boschi, ed ha il potere di connettere l'individuo con questa vibrazione svolgendo un'***azione calmante e rasserenante***.

Il suo colore la mette in relazione con il 4° chakra, quello del cuore. Pietra considerata sacra ad Afrodite, dea della bellezza, promuove il senso estetico e l'*amore per il bello*. In tutte le culture ha simboleggiato la figura femminile, rappresentando la *seduzione*, la *sensualità e l'amore per le arti*.

Assorbe lo stress e la tensione.

La sua azione *riduce la timidezza* e aiuta il rapporto con gli altri, rendendoci più disponibili a capire le loro emozioni e i loro sentimenti.

Secondo la tradizione, a livello fisico agirebbe sul *sistema circolatorio* e rinforzerebbe il *cuore*. Ponendone una sotto il cuscino, induce il *sonno* e favorisce i sogni.

Contrariamente alle altre pietre, la Malachite assorbe energia, invece di emetterla, per questo motivo, la tradizione la considera ottima per eliminare lo *stress e la tensione*. Gli esperti di cristalli raccomandano, affinché ci sia la possibilità di un'azione *antinfiammatoria e antispastica*, di porla direttamente sulle zone dolenti.

Risulterebbe ottima per riassorbire i gonfiori alle articolazioni ed i lividi, i dolori mestruali e le infezioni, soprattutto quelle dei denti.

Potrebbe contribuire a risolvere i problemi sessuali, legati a blocchi emotivi.

Poiché questa gemma, è anche in sintonia con il 3° chakra, aiuterebbe tutti gli organi della digestione e disintossicherebbe il fegato. Usata durante la *meditazione* su questo centro energetico, fa affiorare emozioni statiche e represse, permettendo all'energia di circolare liberamente tra i chakra.

Si può indossare come ciondolo, braccialetto o portarla semplicemente in tasca.

Essendo una pietra che assorbe è bene purificarla accuratamente dopo l'uso, ponendola su una drusa di Quarzo ialino per almeno tre ore, oppure lavandola abbondantemente sotto l'acqua corrente. Non usate il metodo del sale, potrebbe rovinarla. Si ricarica alla luce del sole.

Occhio di falco

Classe minerale: ossidi, gruppo dei quarzi
Formula chimica: SiO2 + Na2 (Mg, Fe, Al) 5 (OH/Si4O11)2+P
Sistema cristallino: trigonale
Processo litogenetico: primario
Colore: blu scuro striato

Per uno sguardo dall'alto sulla realtà

Pietra conosciuta fin dal medioevo dove le venivano attribuiti poteri di protezione dai demoni e dal malocchio.

È un cristallo molto **energetico** e **potente**, lavora sul 1° e sul 5° chakra. Fa vedere la realtà da un punto di vista superiore, come dagli occhi di un falco che vola alto. Permette quindi di valutare gli eventi della vita da un'*altra prospettiva* e di percepirli come parte di una realtà più ampia. Ci insegna ad osservare ed a trarre insegnamento dalla realtà che ci circonda. Utilissimo se si sta seguendo un percorso di **crescita spirituale**.

La sua azione sul 5° chakra permette di prendere la giusta distanza dai propri sentimenti producendo un bilanciamento di tutto il **campo emotivo**.

Rende **decisi**, facilitando chi deve fare delle **scelte**.

Secondo la tradizione, dal punto di vista fisico, allieverebbe i sintomi dei dolori. Agirebbe producendo un rallentamento dell'energia, così potrebbe rivelarsi utile per stati di **nervosismo** e **tremori**. Ridurrebbe l'iperattività delle ghiandole **ormonali**. È una pietra molto forte è quindi bene usarla per periodi brevi.

Si può indossare come ciondolo, oppure come braccialetto montato con altre pietre che ne alleggeriscano l'azione, come ad esempio il quarzo ialino o citrino.

Utile da usare durante la *meditazione* posato sui chakra corrispondenti, in particolar modo per beneficiare della sua azione in campo psicologico o spirituale.

Si purifica su una drusa di quarzo ialino, si ricarica alla luce indiretta del sole.

Occhio di tigre

Classe minerale: ossidi, gruppo dei quarzi
Formula chimica: $SiO_2 + FeOOH$
Sistema cristallino: trigonale
Processo litogenetico: terziario
Colore: oro e bruno

L'amuleto della tranquillità

L'Occhio di tigre è un quarzo contenente limonite, che produce dei tipici riflessi gialli che rendono questo cristallo somigliante agli occhi della tigre.

È antica credenza che esso abbia un effetto protettivo sugli occhi e contro ogni tipo di sortilegio. In India le madri ponevano nelle tasche dei propri figli alcuni cristalli di questo minerale per proteggerli da ogni pericolo.

È la pietra da indossare nei momenti di difficoltà, poiché *sostiene e dona fiducia*, e aiuta a difenderci dalle situazioni e dalle persone opprimenti e più in generale dalle influenze esterne.

Pietra dall'energia maschile, lavora sul 3°chakra mettendoci in relazione con il potere personale e la volontà. Dona *equilibrio emotivo*, accrescendo la fiducia in se stessi e nelle proprie capacità. Rende centrati e radicati. *Riduce arroganza e testardaggine*.

Utilissimo da indossare nel luogo di lavoro e ovunque sia necessario interagire con gli altri, rende consapevoli dei propri diritti.

Il suo uso è da consigliare alle persone che tendono a esitare e hanno difficoltà a prendere decisioni, così come a chi, pur avendo buone capacità creative, non riesce a concretizzarle in un progetto reale. Da adottare anche per ottenere la ***forza di volontà*** necessaria a portare a termine un progetto.

Secondo gli esperti di cristalli, dal punto di vista fisico, sarebbe un rallentatore dei flussi energetici. Si rivelerebbe quindi utile in casi di ***ipereccitazione nervosa*** e per ridurre l'iperattività delle ghiandole surrenali. Aiuterebbe le funzionalità del ***fegato***, della ***milza*** e del sistema digestivo in generale.

Si può indossare come ciondolo, collana o bracciale. Se viene usato durante la meditazione va posato sul 3°chakra per aiutare a superare i momenti di stress, e a inquadrare i problemi nella giusta prospettiva e in modo costruttivo.

Si purifica con i metodi usuali, si ricarica alla luce del sole.

Ossidiana

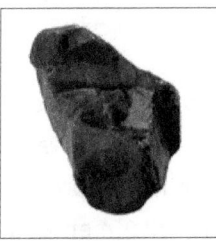

Classe minerale: ossidi
Formula chimica: SiO2 + Fe2O3 + H2O + Al, C, Ca, K, Na, Fe
Sistema cristallino: amorfo
Processo litogenetico: primario
Colore: nero, grigio, bruno, argento, o colori brillanti

Per il benessere spirituale e fisico

Sin dall'età della pietra è stata impiegata per il culto e per la fabbricazione di armi e utensili. Pezzi di ossidiana venivano usati come sonagli durante i rituali religiosi e lavorati per farne punte di frecce e attrezzi. Quando è rotta, infatti, questa pietra forma delle schegge molto taglienti.

I sacerdoti Maya la usavano a guisa di specchio per scopi divinatori, e secondo antichissime prescrizioni serviva a **guarire le ferite** e ad **attenuare il dolore**.

Questo cristallo deve il suo nome attuale ad Obsius, il cittadino romano che, da come ci racconta Plinio, la scoprì in territorio africano, nell'odierna Etiopia.

L'Ossidiana è una pietra di origine vulcanica, che attira nel corpo ***energia fisica e sessuale***, ci connette con le vibrazioni della terra e risveglia in noi la forza necessaria per vivere e realizzarci.

Questa pietra lavora sul 1° chakra e radica le energie spirituali dei chakra superiori in quelli inferiori, cosicché queste possano essere concretamente utilizzate per la purificazione e l'evoluzione dell'io.

È utile alle persone estremamente emotive ed instabili, che hanno scarso contatto con la realtà, perché li aiuta a radicare le energie, consentendo di costruire la base per il loro futuro. Dona *chiarezza interiore, equilibrio ed armonia*.

Collega spirito e materia. E per questo è utile sia alle persone che desiderano vivere in modo più spirituale sia a chi ha scarso contatto con la realtà materiale. Porta alla coscienza di ognuno le proprie emozioni ed i pensieri più nascosti, e permette alla mente di penetrare i lati oscuri della personalità, indirizzando l'individuo verso la via della trasformazione. Fa anche da specchio e riflette i nostri difetti: è la luce che dissolve il buio. Per questo è di grande utilità nei momenti di *riflessione* e nei processi di *introspezione* utili ad espandere la coscienza. L'Ossidiana aiuta, inoltre, a *liberare le emozioni represse*, inducendo le persone che hanno eccessivo autocontrollo a sbloccare la censure e ad agire in sintonia con i propri sentimenti.

Essendo una pietra nera muove le energie stagnanti e le disperde, aiutando a *superare gli shock*, le *paure e i traumi*.

Secondo la tradizione, dal punto di vista fisico, *attenua il dolore*. Inoltre, *stimolerebbe la circolazione periferica*, aiutando le persone con mani e piedi cronicamente freddi.

Vi sono diversi tipi di Ossidiana: nera, fiocco di neve, lacrima di Apache, arcobaleno, mogano. Gli esperti di cristalli sostengono che le varietà "fiocco di neve" e "mogano" siano ottime per chi ha problemi di circolazione. Invece, per gli stati di dolore andrebbero bene la "lacrima di Apache" e la "fiocco di neve". Per i problemi di carattere emozionale ed introspettivo è consigliabile l'ossidiana nera.

Per sentirne i benefici, la si può portare a diretto contatto delle zone dolenti oppure in tasca. È sconsigliato portarla come ciondolo al collo, la sua energia è più adatta all'area del 1° chakra.

Se usata durante la meditazione è bene abbinare un Cristallo di Rocca per mitigare i suoi potenti effetti. Per tale pratica è consigliabile la varietà "arcobaleno".

Si purifica con tutti i metodi già descritti, si ricarica alla luce del sole.

Peridoto

Classe minerale: neosilicati
Formula chimica: (Mg, Fe)2[SiO4] + Al, Ca, Mn, Ni, Co, Cr, Ti
Sistema cristallino: rombico
Processo litogenetico: primario
Colore: verde bottiglia, verde oliva e verde giallastro

Tutta l'energia del sole e della vita

Era usato in Egitto e nelle civiltà azteche e inca, dove veniva impiegato per **purificare il corpo e la mente**.

Nelle antiche scritture viene citato come una delle dodici pietre del "Pettorale del Giudizio", usato dal sommo sacerdote durante le funzioni religiose. Santa Ildegarda ne parla nei suoi scritti, attribuendogli un gran potere vivificatore e qualità febbrifughe, di guarigione del cuore e di potenziamento per la mente.

Il Peridoto ha un'energia simile a quella del Topazio, contiene **sole e vita**. È una pietra verde e come tale agisce sul 4° chakra (del cuore), aprendolo all'amore. Ottima per le persone solitarie e chiuse, dona solarità e gioia di vivere.

I suoi toni di giallo la rendono adatta anche al 3° chakra. Il Peridoto connette questo centro energetico con il chakra del cuore, armonizzandoli e trasformando i sentimenti di invidia, rabbia e gelosia in sentimenti positivi, come la **disponibilità**, **l'amore** e la **sicurezza**.

Tale gemma, inoltre, aiuta a rendersi autonomi rispetto alle influenze esterne e a vivere l'esistenza in base alle proprie scelte, favorendo la crescita personale.

Il Peridoto è considerato un **potente equilibratore** delle energie fisiche ed emotive. La tradizione assegna a questa pietra, come quelle che lavorano sul 3° chakra, una capacità di migliorare il **sistema digestivo,** favorendo l'assorbimento delle sostanze nutritive. Risolverebbe anche congestioni di tipo emotivo, derivanti da sentimenti di **collera e di gelosia.** Le emozioni negative, infatti, se non vengono rimosse possono dare luogo a problemi dell'apparato gastro-intestinale. E il 3° chakra, che corrispondente alla nostra volontà ma anche al nutrimento alimentare e spirituale, è sensibile ai sentimenti e alle emozioni e frequentemente viene reso disarmonico da quelli negativi.

Poiché il giallo è il colore della **mente** razionale, questa gemma aiuta le facoltà mentali relative alla programmazione e all'organizzazione dello studio e del lavoro, e si rivela utile in tutte le occasioni in cui è necessaria la pianificazione di un progetto.

Secondo la tradizione, la sua azione di purificazione, si esplicherebbe anche sul corpo, con una particolare azione benefica su **fegato, pancreas, cuore, reni e cistifellea.** Agirebbe, inoltre, da tonico vivificando e ravvivando tutto l'organismo. Contribuirebbe a equilibrare il sistema endocrino, in particolare l'attività delle ghiandole surrenali.

Può essere indossata come ciondolo, collana o bracciale. Se si usa durante la **meditazione,** si può posare sul 3° chakra, per convertire la tensione nervosa in rilassamento e abbandono, oppure in alternativa sul 4° chakra, secondo le necessità.

96 - Il potere dei cristalli

Si purifica con tutti i metodi precedentemente descritti, si ricarica alla luce del sole.

Pietra di luna

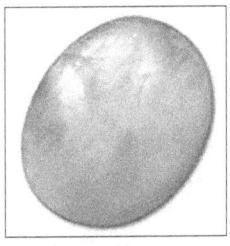

Classe minerale: tettosilicati, famiglia dei feldspati
Formula chimica: K[AlSi3O8] + Na, Fe, Ba
Sistema cristallino: monoclino
Processo litogenetico: primario
Colore: bianco con iridescenze azzurre, grigie, madreperlacee

La pietra di Diana

Questo cristallo in antichità veniva associato alla dea Diana e si credeva diventasse più brillante in coincidenza con la luna piena. Lo si considerava collegato all'intuizione, ai sentimenti e alla fertilità.

La Pietra di luna opera principalmente sul piano della **sensibilità**, liberando da **blocchi emotivi**. Agisce sia sul 5° che sul 2°chakra, e sulla parte emozionale che a essi si lega: nel primo caso l'espressione dei propri sentimenti, il comunicarli e il manifestarli all'esterno, nel secondo caso la capacità di essere in contatto con le proprie emozioni.

Questo cristallo è considerato un **ottimo equilibratore** e fa sì che la persona non si senta dominata né si identifichi con le proprie emozioni. Inoltre, lavorando sul 6°chakra, porta maggiore **consapevolezza** al proprio subconscio e fa in modo che le emozioni siano vissute nel presente e non rievochino traumi passati e dolorosi.

Pietra con caratteristiche femminili, rende intuitivi, dona tranquillità e pace, rasserena la donna ma è utile anche all'uomo, risvegliandone **dolcezza e disponibilità**.

Secondo la tradizione, dal punto di vista fisico, agirebbe sulla ghiandola pineale rendendo più sensibili alla luce. Per questo regolerebbe il ciclo mestruale ed equilibrerebbe gli ormoni a esso correlati. Aiuterebbe la *fertilità*.

Si può indossare come ciondolo, come girocollo a contatto con il chakra della gola, oppure come anello all'anulare o al dito mignolo. Si può inoltre portare addosso in un sacchetto di cotone.

Se poggiata sul 6°chakra durante la *meditazione*, la pietra di luna aiuta l'intuizione, la chiaroveggenza e la telepatia.

Si consiglia di purificarla su un vaso di fiori all'esterno. Lasciandola fuori per tutta la notte la si potrà anche ricaricare, grazie ai raggi della luna.

Quarzo affumicato

Classe minerale: ossidi, gruppo dei quarzi
Formula chimica: SiO_2 + (Al, Li, Na)
Sistema cristallino: trigonale
Processo litogenetico: primario
Colore: bruno trasparente, bruno scuro

La pietra della protezione e della razionalità

Il Quarzo affumicato è una pietra di grande protezione. Scherma il nostro campo eterico e lo ripara da ogni possibile aggressione, ricucendo eventuali traumi subiti da quest'ultimo. Si consiglia di indossarlo come **schermo protettivo** quando si frequentano luoghi con energie negative o dissonanti.

In commercio si possono trovare sue contraffazioni ottenute dall'irradiazione del Quarzo Ialino (Cristallo di Rocca). È bene accertarsi che gli esemplari che si intendono acquistare siano autentici: potrebbe essere nocivo porre a contatto del corpo pietre irradiate.

Connessa con il 1°chakra questa pietra dona **radicamento e centratura** a chi la indossa. Scura ma estremamente luminosa, porta le energie di luce del 7° chakra nel 1°, stimolandolo e purificandolo. Permette il corretto funzionamento di tutti i chakra.

Focalizza la mente sulle cose pratiche e reali, aumenta la concentrazione e la razionalità. Per questo, ci aiuta a sostenere i momenti di avversità e a superarli con successo, e rende più facile sopportare la fatica, la tensione e lo stress.

Potente energetico, potrebbe essere di sollievo per le persone che tendono all'affaticamento cronico. Aiuta a risolvere in modo razionale i problemi con gli altri, evitando che i sentimenti interferiscano con il pensiero.

La tradizione, consiglia l'impiego di questa pietra per alleviare i dolori alla **schiena**, o in caso di crampi e di **rigidità muscolare**. Inoltre, avrebbe capacità di agire sui reni rinforzandoli ed equilibrerebbe l'energia sessuale, aumentando la fertilità.

Si può portare al collo come ciondolo, usare come braccialetto, in tasca o direttamente sulle zone da trattare. Nelle situazioni di stress, si può tenere un cristallo in entrambe le mani per alleviare la tensione. Durante la **meditazione** si può porre sul 1°, 2° o 3° chakra, per apportarvi energie di luce.

Per la pulizia si consigliano il vaso di fiori o il sale, si ricarica alla luce del sole.

Quarzo citrino

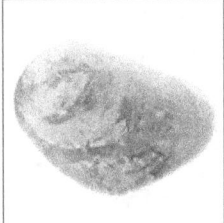

Classe minerale: Ossidi, gruppo dei quarzi
Formula chimica: SiO2 + (Al, Fe, Ca, Mg, Li, Na)
Sistema cristallino: trigonale
Processo litogenetico: primario
Colore: dal giallo tenue al giallo oro, dal giallo rossiccio all'arancione

Per digerire, anche i traumi

È una varietà del Cristallo di Rocca. Purtroppo la grande maggioranza di Citrini reperibili in commercio è costituita da Ametiste o Quarzi affumicati irradiati artificialmente, quindi sarà importante verificare la provenienza di queste gemme e naturalmente preferire quelle autentiche.

È la pietra legata al 3° chakra (del plesso solare) e, gli esperti dei cristalli, le assegnano un posto d'onore per la risoluzione di problemi legati agli organi della digestione, in particolare, stimola la funzionalità dello **stomaco** ed il **processo digestivo**.

Questa gemma "aiuta a digerire" a livello emozionale, promuovendo l'elaborazione e l'assimilazione dei ***traumi subìti***.

Il Citrino colloca nel giusto ordine gli avvenimenti della vita e le impressioni avute. Sviluppa ***capacità di discernimento e di scelta***, ed è utile quindi quando si devono prendere delle decisioni.

Questa gemma apporta luce dorata nel 3°chakra, aiuta i sentimenti di ***autostima***, sviluppa il senso di individualità, sicurezza e ***coraggio*** di vivere. Rende dinamici, facendo emergere il desiderio di realizzarsi, e rafforza la **volontà**. È utile per le persone che sono molto sensibili alle influenze esterne.

Questo tipo di quarzo aiuta a trovare la strada giusta per la propria evoluzione, e sbloccando il plesso solare veicola una maggior quantità di energia nel nostro organismo. Ciò dona *gioia di vivere*, rende solari e allegri.

Il colore della mente razionale

Il Citrino facilita il rapporto con gli altri, stimolando la *capacità di comunicare*. Sarà utile indossarlo se ci sono problemi interpersonali nel lavoro o in famiglia.

Inoltre fa aumentare la luminosità del nostro campo eterico, sviluppando una luce dorata che fa da schermo alle influenze negative: è la pietra da indossare quando ci si sente vulnerabili ed indifesi. È ottimo porne una sull'ombelico, durante i viaggi, quando si ha bisogno di *sostegno e protezione*.

Questa pietra connessa con l'energia solare, stimola la *chiarezza di idee*, la *lucidità mentale* e le *capacità organizzative*. Il suo colore giallo presiede alla mente razionale, fornendo un approccio metodico verso lo studio ed il lavoro. È dunque indicato indossarlo durante queste attività e porlo nei luoghi in cui esse si svolgono. Connette la mente razionale, l'intuizione e la logica.

Il Citrino, inoltre, *depura* il corpo e la mente.

Secondo la tradizione, dal punto di vista fisico, sarebbe benefico per il *sistema nervoso,* Stimolerebbe la funzionalità del *fegato* e della vescicola biliare.

Si trova sotto forma di **punte, burattati e druse**. Le punte possono venire indossate con l'apice rivolto verso il basso, per incanalare le energie di luce dal 7° verso il 3° e il 2° chakra.

Va portato a contatto con la pelle o usato durante la meditazione.

Si purifica con tutti i metodi, anche con quello del sale, e si ricarica alla luce solare.

Quarzo ialino (Cristallo di Rocca)

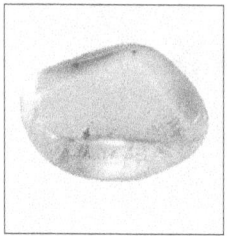

Classe minerale: Ossidi, gruppo dei quarzi
Formula chimica: SiO2 (Biossido di Silicio)
Sistema cristallino: trigonale
Processo litogenetico: primario
Colore: trasparente e incolore

Il re del regno minerale

Il quarzo è uno dei minerali più diffusi della terra. La sua capacità di **vibrare** e di entrare in **risonanza** ne fa un componente essenziale della moderna tecnologia.

Si trova in natura sotto forma di pietre grezze, punte e druse. Le pietre grezze sono blocchi di cristallo uniformi. Le punte hanno qualità e usi differenti, a seconda della forma del loro apice. Ricordiamo: il cristallo generatore che amplifica l'energia; il cristallo maestro che guida nell'evoluzione spirituale; il cristallo biterminato, punta a doppia terminazione, che equilibra due punti energetici collegandoli.

Le **druse**, formate da più punte cresciute insieme, hanno una vibrazione potente e svolgono un'azione di **purificazione** dell'ambiente circostante.

La fama del cristallo di rocca per **convogliare energie positive** è presente in tutte le culture: dall'antica Roma, al Giappone, dall'Africa, all'Australia. Persino nelle leggendarie civiltà di Atlantide, Lemuria e Mu.

È il sovrano del regno minerale. La sua funzione è quella di *incanalare energia* ad alta frequenza sul **piano terrestre**. Riflette pura luce bianca, da utilizzare per illuminare i pensieri, i sentimenti, le azioni quotidiane.

Dissolve la **negatività** e fa **vibrare** l'*aura* ad una frequenza tale da purificare ogni parte oscura.

Ciascuna punta di cristallo ha la sua personalità ed esperienza, e può cooperare con l'uomo per ampliarne la consapevolezza e la spiritualità.

È bene scegliere da soli il proprio cristallo, acquistando quello da cui si è maggiormente attratti: sarà lui a guidare la scelta. Se tenuto con cura, sarà un compagno speciale.

Il cristallo di rocca lavora sul 7° chakra, aumentandone la vibrazione e connettendolo con l'energia cosmica. Focalizza i pensieri e ne aumenta il respiro.

Si può utilizzare su **qualsiasi chakra**: sarà sempre portatore di equilibrio, armonia, limpidezza, anti-stress.

Le **druse** sono ideali per la casa e l'ufficio, **purificano** le energie, facilitano l'armonia e la collaborazione. Sul comodino una punta protegge il **sonno**.

Da indossare sono consigliati i cristalli burattati o piccole punte, ottime per la **meditazione** o da tenere, una in ogni mano, per riequilibrare l'energia e scaricare le tensioni. A questo scopo è meglio usare i **cristalli biterminati**.

Immergendo un cristallo in una brocca di acqua, per alcune ore, si prepara uno straordinario **energetico** e **purificatore**.

106 - Il potere dei cristalli

Il cristallo di rocca si può utilizzare da solo o abbinato a qualsiasi altro minerale, di cui amplificherà gli effetti.

Si purifica con le metodologie usuali, si ricarica alla luce del sole.

Quarzo rosa

Classe minerale: ossidi, gruppo dei quarzi
Formula chimica: SiO_2 + Na, Al, Fe, Ti + (Ca, Mg, Mn)
Sistema cristallino: trigonale
Processo litogenetico: primario
Colore: rosa

Un mondo d'amore: per se stessi e per gli altri

Il Quarzo Rosa è una pietra femminile, considerata per secoli la pietra della fertilità.

Era usata anticamente per tutto ciò che è legato al cuore, a livello fisico ed emozionale. Questo importante cristallo agisce sviluppando l'*amore per se stessi e per gli altri*, e fa sentire degni di riceverne.

È la pietra adatta a chi avesse subìto una separazione affettiva, o comunque sentisse il bisogno di ricevere conforto e calore.

Il Quarzo rosa è la pietra base del 4° chakra, lavora su di esso purificandolo e lenendo le sofferenze ed i traumi emozionali subiti, e aprendo nuovamente all'amore.

Dona **pace interiore**, agisce contro il sentimento di **solitudine e la tristezza**. Stimola l'*autostima*, la *realizzazione di sé* e dà **gioia di vivere**.

Grande alleata nella ricerca dell'*equilibrio interiore*, questa pietra è molto utile per coloro che non si sentono mai all'altezza e che non hanno una buona opinione di sé. Indossandola svilupperanno senso di fiducia e stima, e ridurranno i sentimenti di *invidia e gelosia*.

Il Quarzo Rosa fa circolare l'energia attraverso il 4° chakra, quello del cuore, portando **conforto, nutrimento, compassione** per sé e per il prossimo. E poiché questo chakra fa da ponte e connessione fra gli altri, crea un'armonizzazione in tutto l'organismo.

Questa pietra ha necessità di un lungo periodo per svolgere il suo lavoro, quindi è bene indossarla per alcuni mesi. Mentre la si usa, potranno affiorare ricordi e sensazioni dolorose, che il Quarzo Rosa aiuterà a lenire, aiutando a comprendere gli avvenimenti passati.

Un aiuto ai bambini e in camera da letto

Si può indossare sotto forma di ciondoli o collane, portare nella tasca oppure in borsa. Ottimale, comunque, sarebbe tenerlo a contatto con la zona del cuore.

Si può usare questa pietra anche durante la meditazione ponendola sul chakra del cuore, immaginando che, attraverso il respiro, la sua dolce luce rosa diffonda in noi, apportatrice di amore, serenità e benessere.

È una delle poche pietre adatta anche ai bambini, soprattutto se stanno vivendo qualche situazione difficile in famiglia, e comunque per stimolare la loro autostima fin da piccoli. In tutti loro sviluppa una maggiore solidarietà verso fratelli e amici.

Il Quarzo rosa si trova in varie forme, le più comuni sono le pietre burattate o grezze, ma vi sono anche le punte e le druse, anche se piuttosto rare.

È utile avere uno di questi cristalli nella camera da letto, perché rende il sonno sereno e favorisce i sogni. Apporta pace interiore, felicità e armonia nella coppia.

Secondo la tradizione sul piano fisico il Quarzo Rosa aiuterebbe il sistema circolatorio, il cuore e gli organi sessuali. Potrebbe essere utile nelle disarmonie sessuali di origine emotiva. Migliorerebbe la fertilità.

Si purifica con le solite procedure e si ricarica al sole in luce non diretta, altrimenti potrebbe scolorire.

Quarzo rutilato

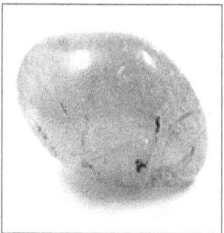

Classe minerale: ossidi, gruppo dei quarzi
Formula chimica: $SiO_2 + TiO_2$
Sistema cristallino: trigonale/tetragonale
Processo litogenetico: primario
Colore: trasparente con inclusioni aghiformi color oro

La luce della mente

Si tratta di un cristallo di quarzo contenente al suo interno filamenti di rutilo, che lo rendono carico elettricamente. Dona **energia vitale**, **gioia** e **solarità** a chi lo indossa. **Libera dalle paure** nascoste e dall'**angoscia**. Sviluppa, inoltre, **indipendenza, larghezza di vedute** e aiuta a non farsi condizionare dagli eventi esterni.

Anticamente noto come Capelvenere, gli si attribuiva la capacità di immagazzinare la luce solare per illuminare la mente umana. Veniva usato anche per allievare la tosse.

Di grande **protezione**, è consigliabile a tutti coloro che vogliono essere difesi nelle più svariate circostanze.

Per il suo colore è abbinato al 3°chakra, ma in realtà favorisce un aumento di energia in tutti i chakra. Svolge una forte azione a **livello spirituale**, promuovendo il contatto con il proprio Sé superiore e sviluppando chiaroveggenza.

La tradizione, dal punto di vista fisico, assegna a questa pietra una **capacità rigenerativa** sui tessuti e sulle mucose, nonché una capacità **stimolante sul sistema immunitario**. Per questo era considerata anticamente, utilissima nei casi di **influenza** (da indossare al manifestarsi dei primi sintomi), e in quelli di bronchiti croniche. Per rafforzarne l'effetto si può provare ad abbinare il cristallo alla calcite verde. I testi affermano che sarebbe adatto agli adolescenti perché potrebbe aiutare la crescita e favorire il portamento eretto.

Si può indossare come ciondolo, anello, bracciale o semplicemente in un sacchetto di cotone a contatto del torace. Ottimo da usare durante la meditazione per contattare stati superiori di coscienza, nel qual caso è bene posarlo sul 6°chakra.

Si purifica con tutti i metodi già descritti, si ricarica alla luce del sole.

Rodocrosite

Classe minerale: carbonati
Formula chimica: $MnCO_3 + Ca, Fe, Zn$
Sistema cristallino: trigonale
Processo litogenetico: secondario
Colore: rosa intenso

Gli aspetti materiali e spirituali della vita

Questa pietra dal bel colore rosa lavora sul 1°, 2°, 3° e 4° chakra. Connettendo le **energie materiali** e concrete dei primi tre con quelle **spirituali** dell'ultimo. Rende **ottimisti** e capaci di donare amore incondizionato, dona **vitalità**, **spontaneità** e dinamismo, **volontà** e **coraggio**.

Aiuta la **memoria**, le **capacità intellettuali** e l'**autostima** sviluppando lo spirito di **iniziativa** ed il fiorire delle **idee**, per questo si rivela utilissima per gli **studenti** che devono affrontare degli **esami**.

Il suo importante lavoro sul chakra del cuore **libera** dai **blocchi emotivi** dovuti a traumi subiti, permette di fare **chiarezza** sui **sentimenti** e facilita l'espressione delle **emozioni**. In questi casi l'abbinamento con la malachite si rivela molto utile.

Secondo i testi, dal punto di vista più strettamente fisico, regolerebbe la circolazione sanguigna, l'attività dei reni e dell'apparato riproduttivo. Potrebbe essere utile in caso di emicranie, se posta sotto la nuca alla base dell'occipite.

Si può indossare come ciondolo o monile di altro genere. Utile durante la meditazione o il rilassamento se appoggiata sul chakra da riequilibrare.

Si purifica sotto l'acqua corrente o su una drusa di quarzo ialino, si ricarica alla luce del sole.

Rodonite

Classe minerale: inosilicati
Formula chimica: $CaMn_4[Si_5O_{15}]$ + Al, Ca, Fe, Li, K, Na
Sistema cristallino: triclino
Processo litogenetico: terziario
Colore: rosa

La pietra del pronto soccorso

Da sempre considerata pietra del cuore per il suo colore rosa, la Rodonite induce compassione verso gli altri e materializza la vibrazione dell'amore. Lavorando sul chakra del cuore (4°) stimola il **sentimento**, facendone la guida delle nostre azioni e spingendoci ad aiutare in modo concreto noi e gli altri.

Permette inoltre di fare tesoro delle proprie esperienze, aiutando ad accettare anche quelle di carattere negativo, in quanto pur sempre fonti di conoscenza per la vita futura. Per questo consente di raggiungere una **grande maturità interiore**.

A livello emotivo **porta pace** dove c'è conflitto, **sana rancore e rabbia** e apre la via al **perdono**, permettendo alle ferite del cuore di guarire.

Secondo la tradizione, la Rodonite è chiamata la pietra del pronto soccorso, perché aiuterebbe a superare gli stati di shock derivati da incidenti e perché, posata su piccole ferite, eviterebbe la formazione di cicatrici.

È bene indossarla per riportare pace e serenità e **ripulire il piano emotivo** da ogni sentimento di paura e di confusione.

Ha inoltre la caratteristica di donare *lucidità mentale* e controllo nelle situazioni di pericolo, in quanto collega il chakra del cuore con il 1°chakra e porta così **stabilità ed equilibrio** a livello emotivo.

Per sfruttare i suoi effetti benefici per quanto riguarda gli *aspetti emozionali* e mentali si può indossare come ciondolo o gioiello. Se usata durante la **meditazione**, va appoggiata sul chakra del cuore, per portare *pace* ed *equilibrio*: inspirando si può immaginare che la sua luce rosa pervada il nostro corpo ed espirando che i traumi e le emozioni negative ci abbandonino.

Si purifica su un vaso di fiori o su una drusa di Cristallo di Rocca. Si ricarica alla luce indiretta del sole.

Rubino

Classe minerale: ossidi, famiglia del corindone
Formula chimica: Al2O3 + Cr, Ti
Sistema cristallino: trigonale
Processo litogenetico: primario o terziario
Colore: rosso

Energia rossa

Questo cristallo, il cui nome deriva dal latino *rubeus* (rosso), deve il suo colore al cromo in esso contenuto. È una pietra che lavora sul piano fisico, ma presenta al tempo stesso caratteristiche estremamente spirituali: simboleggia **l'amore eterno**, il **matrimonio**, il **potere terreno** e dello **spirito**.

Il Rubino è in armonia con il 1° chakra e dona **forza vitale**. Ha il potere di energizzare il corpo a ogni livello e si rivela di grande utilità negli stati di debolezza ed esaurimento. In questi casi si consiglia di portarlo a diretto contatto con il corpo.

Sviluppa forza di volontà, apporta **slancio e dinamismo** facendo uscire dall'apatia e dalla passività, e stimola a impegnarsi nei propri compiti. Poiché consente di superare i limiti personali, si consiglia di indossarlo se si ha bisogno di radunare le proprie forze per svolgere qualche compito impegnativo.

Questo cristallo è anche in relazione con il chakra del cuore (4°), al quale apporta amore ed **energia spirituale**, e ne permette la connessione al 1°, elevando le passioni materiali legate al 1°chakra a un livello spirituale più proprio del chakra del cuore. Per questo dona *saggezza*, *generosità* e *altruismo*, e fa in modo che vi sia amore nell'esercizio del potere.

A livello emozionale, focalizza l'attenzione di chi lo indossa sui *traumi del cuore*, in modo da liberarli, permettendo così alle persone di condurre in modo completo e soddisfacente la propria vita.

Secondo la tradizione, dal punto di vista fisico, *rigenererebbe il cuore e il sangue*, e rafforzerebbe il *sistema immunitario*.

Si può portare come ciondolo o gioiello di vario tipo. Come anello va indossato all'anulare, dito che corrisponde al chakra del cuore. Se si vuole usare durante la *meditazione*, si può posare sotto l'ombelico e immaginare che il suo colore rosso si diffonda nel corpo donando forza vitale e rigenerando l'organismo.

Si purifica e si ricarica su una drusa di Cristallo di Rocca. Non deve essere esposto alla luce diretta del sole, perché potrebbe scolorire.

Smeraldo

Classe minerale: ciclosilicati, famiglia del Berillo
Formula chimica: $Be_3 Al_2 (Si_6O_{18})$ + K, Li, Na + (Cr)
Sistema cristallino: esagonale
Processo litogenetico: primario o terziario
Colore: Verde più o meno acceso a seconda della quantità di cromo presente

La pietra dell'amore

Lo Smeraldo è la qualità più preziosa del Berillo. Per beneficiare delle sue proprietà non è necessario acquistare un gioiello, è sufficiente usare un cristallo grezzo, più economico, che possiede comunque le stesse qualità della pietra preziosa.

Gemma eccezionalmente bella e conosciuta da tempi antichissimi, simboleggia **l'amore**, la **prosperità** e il **benessere**.

Le leggende intorno a questo prezioso minerale sono numerose. In India, ad esempio, gli sono state attribuite proprietà magiche, oltre che terapeutiche, tanto da essere considerato il **talismano della felicità** per eccellenza.

È la pietra più **spirituale** fra quelle legate al 4° chakra, induce **all'amore per la natura** e per tutte le sue creature, stimolando la parte divina che è in noi. Dona desiderio di pace, di armonia e di onestà. Nutre la nostra **immaginazione** e favorisce i **sogni**.

Questo cristallo, connettendoci con lo spirito, aiuta la crescita interiore e la scoperta di noi stessi. Sviluppa la sensibilità e l'amore per il bello. Genera **ottimismo** e gioia di vivere. È quindi particolarmente utile nei momenti di sconforto.

Essendo la **gemma dell'amore** è la più adatta da regalare in una coppia: stimola senso di collaborazione, amore ed amicizia, rende estroversi e facilita la reciproca comprensione. È anche ottima da indossare quando ci si sente vulnerabili in una relazione. Ed è la pietra da regalare a coloro che necessitano di rafforzare *l'autostima*.

Secondo la tradizione, dal punto di vista fisico, troverebbe applicazione nei disturbi della circolazione sanguigna e di quella linfatica. Rafforzerebbe il *cuore*, stimolerebbe il fegato ed il sistema nervoso. Avrebbe *funzioni disintossicanti* e stimolerebbe il *sistema immunitario*. Utile nei ristagni di muco e nelle infiammazioni delle vie aeree superiori, aiuterebbe inoltre il cervello e la memoria, e migliorerebbe la vista.

Se si porta come ciondolo, è importante che sia *all'altezza del cuore*. Come anello va indossato all'anulare, il dito che corrisponde al *4°chakra*. In alternativa, lo si può posare direttamente sulla parte da trattare.

Se viene usato durante la *meditazione*, dona chiarezza spirituale e dà *equilibrio* a corpo, mente ed emozioni. Si può immaginare che la sua luce verde, inalata attraverso il respiro, pervada ogni cellula, organo e muscolo del nostro corpo: si avrà in risposta una sensazione di relax e ci si sentirà rinnovati e rivitalizzati.

Si purifica usando i metodi usuali e si ricarica ai raggi della luna. Se viene esposto alla luce diretta del sole perde il suo meraviglioso colore.

Sodalite

Classe minerale: tettosilicati
Formula chimica: Na8[Cl2 /(AlSiO4)6] + Be, K, Mg
Sistema cristallino: cubico
Processo litogenetico: primario
Colore: blu scuro con venature bianche

Il talismano della riflessione e della concentrazione

Questa pietra dal profondo colore blu lavora sul 5°chakra, situato all'altezza della gola, aiutando ad affermare le proprie convinzioni, ad esternare le emozioni e a vivere la propria vita.

Sviluppa idealismo e desiderio di ricerca della verità, e insieme ai Lapislazzuli è tra le pietre più importanti per equilibrare il chakra della gola.

È una pietra adatta a chi è ipersensibile, perché **stabilizza il piano emozionale**, permettendo di vivere le proprie emozioni senza sensi di colpa.

Questo bellissimo cristallo è in sintonia anche con il 6°chakra, collocato tra le sopracciglia: agendo su questo centro energetico risveglia in noi una **visione introspettiva** e una **coscienza intuitiva**, facendo analizzare quegli aspetti di sé che normalmente si preferisce non contattare. In questo modo il suo influsso aiuta a superare i modelli di comportamento ed i meccanismi inconsci che ostacolano lo sviluppo personale, e a liberarsi dalle regole e dalle convinzioni che non ci appartengono più.

Questa pietra contiene il seme della *consapevolezza spirituale*, che germoglia in noi attraverso il lavoro che svolge sul 6° chakra.

È utilissima per chi è iperattivo, perché *calma la mente* e dona la capacità di pensare in modo logico e razionale. Portando ordine a livello mentale, aiuta anche ad esporre le proprie opinioni in modo consapevole. E donando *concentrazione* si rivela utile per lo studio e per il lavoro. Per questo è da portare con sé quando si deve parlare in pubblico, nel lavoro o durante un esame.

Secondo la tradizione, a livello fisico avrebbe un'attività equilibratrice sulla *tiroide*, favorirebbe l'abbassamento della pressione e agevolerebbe il sonno. Sarebbe utilissima per il mal di gola e per problemi di voce. In questo caso va indossata come ciondolo alla base del collo per tre o quattro giorni, o comunque fino al miglioramento dei sintomi.

Può essere portata anche come braccialetto, tenuta in tasca o posata sul 6°chakra durante la meditazione.

Il potere della Sodalite si amplifica se viene usata in abbinamento con il Cristallo di Rocca.

Per la purificazione si consiglia una drusa di Cristallo di Rocca o l'acqua corrente. Si ricarica alla luce della luna o a quella, non diretta, del sole.

Sugilite

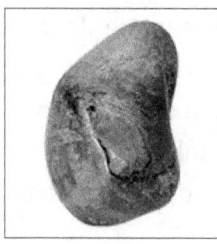

Classe minerale: ciclosilicati
Formula chimica: (K,Na)2/(Fe,Ti)2(Li,Al)3[Si12O30]
Sistema cristallino: esagonale
Processo litogenetico: primario
Colore: violaceo

Il raggio viola della guarigione

La Sugilite fu scoperta nel 1944 in Giappone dal dottor Kenichi Sugi, da cui prende il nome.

Pur essendo una pietra conosciuta recentemente, è usata come "rimedio naturale" per malesseri generali, grazie alle sue particolari qualità.

È il **raggio alchemico** che rappresenta il legame tra l'immateriale e il fisico.

La sua azione diretta al 6° chakra aumenta la **vista interiore** e porta **consapevolezza**, armonizzando il pensiero razionale e l'intuizione.

Apre a una visione superiore e dona energia per produrre un **cambiamento**.

È adatta alle **persone sensibili** che hanno difficoltà di inserimento nella vita, aiuta ad avere spirito di adattamento e fa sentire bene con se stessi.

È di sostegno ai bambini emotivamente fragili o che hanno difficoltà di apprendimento. Gli esperti dei cristalli affidano a questa pietra una forte **azione protettiva** rispetto alle **energie negative**.

Secondo la tradizione, dal punto di vista fisico bilancerebbe i due emisferi cerebrali, calmando i **nervi**.

Si indossa come ciondolo o monile di altro genere. Nella meditazione va posta sul 6° chakra: aiuterà a comprendere le ragioni dei propri malesseri e a porvi rimedio.

Si purifica con l'acqua, si ricarica alla luce della luna o alla luce non diretta del sole.

Topazio

Classe minerale: nesosilicati
Formula chimica: Al2[F2/SiO4] + P; Al2[F2/SiO4] + OH + (Cr, Fe, Mn)
Sistema cristallino: rombico
Processo litogenetico: primario
Colore: tutte le gradazioni del giallo, blu chiaro, rosa, bruno, incolore

La pietra dei re

Il Topazio è sempre stato considerato la pietra legata a Giove, simbolo dell'abbondanza, della prosperità, dell'autorealizzazione e della saggezza. È la pietra dei sovrani.

Questa gemma può presentarsi in diversi colori: giallo dorato, arancio, azzurro e rosa. La varietà dorata, anche conosciuta con il nome di Topazio imperiale, è la più nota.

Il Topazio dorato presenta un bellissimo colore giallo oro, che gli viene conferito dalla presenza di fosforo (P). Da sempre è considerato la **pietra del sole**, portatore di **luce**, energia e prosperità. Infatti, topazio in indù vuole dire fuoco.

Questa gemma, che è in sintonia con il 3° chakra, dona **calore** e **vitalità**, **abbondanza** nelle relazioni interpersonali, **forza di volontà** e **potere**.

Armonizzando e purificando il 3°chakra, migliora la consapevolezza di sé e delle proprie capacità. Rende sicuri e contenti. Aiuta a superare i propri limiti. Promuove la capacità di realizzarsi. È utile a chi ha bisogno di energia e di una marcia in più per attuare un progetto o affrontare un cambiamento.

Il colore giallo, inoltre, fa riferimento alla **mente razionale**. Di conseguenza questa gemma purifica e calma la mente, e dona chiarezza al pensiero.

Il Topazio dorato, fornendo energia al plesso solare (o 3°chakra), stimolerebbe nel nostro corpo la volontà di riprendersi dopo uno stato di malessere. Secondo la tradizione, sarebbe quindi indicato in caso di malattie debilitanti, per riportare la salute e la voglia di vivere. Inoltre, portando luce dorata nel campo eterico, crea uno scudo dorato che ci protegge dai pericoli.

Gli esperti dei cristalli, dal punto di vista fisico, assegnano al Topazio la capacità di alleviare i problemi legati agli organi della **digestione**, di disintossicare il corpo, e di rinforzare il *sistema nervoso*.

Il topazio azzurro, per il suo colore, è in sintonia con il 5° e il 6° chakra.

Questo delicato cristallo promuove franchezza, **apertura mentale** e capacità di esprimere la proprie emozioni. Rilassa il corpo e la mente, e favorisce pensieri positivi.

È utile da indossare durante lo studio per facilitare l'attenzione e la concentrazione.

I testi tradizionali, segnalano questa pietra per la sua *azione equilibratrice* sull'attività della tiroide e dell'ipofisi. Proteggerebbe i polmoni e la gola, rafforzerebbe i *nervi*.

Il Topazio, in generale, può essere indossato come ciondolo, collana o bracciale. Come anello, nella varietà dorata andrebbe indossato al dito medio e in quella azzurra al dito mignolo, dita che corrispondono rispettivamente al 3° ed al 5° chakra.

Se usato durante la meditazione è portatore di **calma, lucidità e ottimismo**. Secondo il colore della pietra si poggerà sui chakra a cui corrisponde.

Si purifica con i metodi usuali. Il Topazio dorato si ricarica alla luce del sole e quello azzurro alla luce della luna.

Tormalina nera

Classe minerale: ciclosilicati (e ossidi)
Formula chimica: NaFe3(Al, Fe) 6[(OH, F) 4(BO3) 2Si6O18]
Sistema cristallino: trigonale
Processo litogenetico: primario
Colore: nero

La gemma del corpo fisico che devia i campi magnetici negativi

La Tormalina esiste in moltissimi colori, che sono dovuti ai metalli presenti in questo minerale. Ognuno di essi dona caratteristiche e proprietà specifiche a questo cristallo.

È una pietra che presenta caratteristiche striature ed ha la proprietà di **condurre le energie** e di aumentare la **luminosità** ovunque venga usata. Infatti porta **luce cosmica** nella materia.

Quando viene indossata fa aumentare la vibrazione del corpo e la sua luminosità, proteggendolo, aprendo i centri energetici e accelerandone il flusso di energia.

La Tormalina nera o Sciorlo è una pietra di **grande protezione**. È utile per schermarci da tutti i campi elettromagnetici: computer, apparecchi elettrici, cellulari. Per questo è bene porne una accanto o sopra a queste apparecchiature. È una pietra fondamentale e tutti dovremmo tenerne qualcuna, sia in ufficio che a casa.

Questo cristallo apporta energie di luce nel 1° e nel 2° chakra, aiutando chi la indossa a sentirsi più radicato. Apre questi due centri energetici permettendo il corretto funzionamento di tutti gli altri, in particolare del 7°chakra o chakra della corona. Avendo delle solide radici si può sviluppare anche una **profonda spiritualità**.

Il colore nero di questa pietra sblocca e **purifica i ristagni di energia** e le emozioni negative quali **paura, rabbia, gelosia**. Dissolve le energie negative a tutti i livelli.

Utile da indossare se si pensa di entrare in contatto con energie dense e nocive, o se si frequentano luoghi affollati con alta concentrazione di apparecchiature elettroniche.

Si può portare a contatto del corpo, meglio se in tasca. Si sconsiglia di indossarla come ciondolo perché più adatta alla zona del 1°chakra. In alternativa si può posare per protezione sul comodino, sulla scrivania o vicino alle apparecchiature elettriche.

Secondo la tradizione, dal punto di vista fisico, allieverebbe il dolore e avrebbe una capacità di armonizzazione del *sistema endocrino*.

Si purifica ponendola su una drusa di Cristallo di Rocca o di Ametista o con il metodo del sale, si ricarica alla luce del sole non diretta. Si raccomanda di purificarla frequentemente.

Tormalina

Classe minerale: ciclosilicati (e ossidi)
Formula chimica: Me+Me2+3Me3+6[(OH,F)4(BO3)2Si6O18], all'interno di questa formula generale vanno collocati i vari metalli a cui è dovuta la grandissima varietà di colori di questo minerale
Sistema cristallino: trigonale
Processo litogenetico: primario
Colore: i più svariati in diverse combinazioni

Una festa di energia e luce

La Tormalina esiste in moltissimi colori, dovuti ai diversi minerali presenti che le donano caratteristiche e qualità specifiche.

In generale questa pietra ha la proprietà di condurre le energie e di aumentare la luce. Indossata, accresce la **vibrazione del corpo e la sua luminosità**, apre i centri energetici e accelera il flusso di **energia**.

Sono tre i tipi di Tormalina colorata più usati.

Tormalina verde

Aumenta la **consapevolezza**, poiché agisce sul 4° chakra o chakra del cuore. Bilancia le **emozioni** e apre il nostro animo all'amore. Per questo è bene utilizzarla insieme al Quarzo rosa. Stimola la gioia di vivere, rende aperti agli altri e pazienti. Ha un **effetto equilibratore e rinvigorente** sull'intera aura e la protegge da influssi negativi. Secondo la tradizione, avrebbe un effetto benefico sul cuore e sul fegato, qualità tipica delle pietre verdi. Agirebbe sul sistema nervoso purificandolo, aumentandone la capacità di veicolare energia ed equilibrando i due emisferi cerebrali. Dona resistenza allo stress e alla stanchezza.

Si consiglia di purificarla su un vaso di fiori o con il metodo del sale. Si ricarica alla luce non diretta del sole.

Tormalina rosa

Insieme al verde, il rosa è il colore tipico del 4° chakra. La Tormalina rosa purifica questo centro energetico, liberandolo dai **traumi emozionali** e aprendo il cuore **all'amore**. Rende estroversi e affascinanti e fa vivere l'amore con slancio e senza paura. È anche in sintonia con il 2° chakra e lo collega con il 4°, facendo sì che la persona possa percepire ed esprimere le emozioni più fisiche. Favorirebbe, secondo la tradizione, la circolazione del sangue e stimolerebbe la corretta funzionalità degli organi sessuali femminili.

Va bene purificarla su una drusa di Cristallo di rocca o su un vaso di fiori. Da evitare il metodo del sale, troppo forte per le dolci vibrazioni di questa pietra. Si ricarica alla luce indiretta del sole.

Tormalina blu o Indicolite

Pietra altamente **spirituale**, per il suo colore agisce sul 5° e sul 6° chakra. Stimola la creatività artistica, e la realizzazione di nuove idee. Aiuta ad esprimersi in modo corretto e comprensibile agli altri. **Calma la mente**, favorisce l'*intuizione* e la comprensione di concetti di alto livello. Protegge la mente dalle influenze esterne, donandole pace e serenità. Ottima da usare nella **meditazione**, anche per schiarire i pensieri e connettersi con piani elevati di coscienza.

Turchese

Classe minerale: fosfati
Formula chimica: $CuAl6[(OH)2/PO4]4 \cdot 4H2O + Fe$
Sistema cristallino: triclino
Processo litogenetico: secondario
Colore: turchese

Il respiro della vita

Noto fin dai tempi antichi (si tramanda fosse usato nella mitica Atlantide), il Turchese viene usato come pietra di **protezione** in molte culture, spesso abbinato al Corallo. Era ed è tuttora una **pietra sacra** agli Indiani d'America, per i quali è il **simbolo del cielo**, il "respiro della vita", che ricorda all'essere umano di essere una creatura spirituale.

Il Turchese è un **bilanciatore emozionale**, come la gran parte delle pietre azzurre e blu che lavorano sul 5°chakra. La sua azione su questo centro energetico favorisce la **creatività** a livello artistico e aiuta la **comunicazione**. È utile quando si deve parlare in pubblico, anche per il suo effetto rasserenante. Sviluppa inoltre sentimenti amichevoli verso il prossimo e senso di **lealtà**.

È una pietra adatta ai bambini poiché dovrebbe favorire la crescita e proteggerli.

Tale cristallo è in sintonia con il 6°chakra e per questo svolge un'**azione calmante** sulla **mente** razionale, inducendo pensieri positivi e rilassando il **corpo**. Sviluppa sensibilità psichica e induce alla **meditazione**.

La tradizione affida a questa pietra capacità di donare *forza ed energia*, e ne consiglia l'uso nei momenti di stanchezza e depressione. Sarebbe utile, inoltre, nelle affezioni respiratorie e nei casi di reumatismi e artrite. Neutralizzerebbe gli stati di acidità e potrebbe rivelarsi d'aiuto per il *mal di stomaco*. Bilancerebbe il sistema nervoso.

Si può indossare al dito mignolo, che corrisponde al 5° chakra, oppure come ciondolo all'altezza della gola per stabilizzare le emozioni e dare pace. Durante la *meditazione* è bene posarlo sul 6°chakra per indurre pensieri positivi e stimolare la vista superiore.

Nella purificazione sono da evitare l'acqua e il metodo del sale, per il suo alto contenuto di rame. Meglio usare una drusa di Cristallo di Rocca. Si ricarica sulla drusa stessa oppure esponendolo alla luce del sole (se si vogliono aumentare le sue qualità maschili ed energetiche) o a quella della luna (per potenziare le qualità femminili, legate all'emotività e all'intuizione).

Unakite

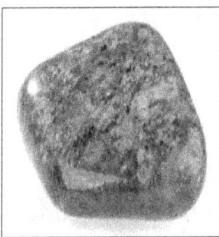

Classe minerale: sorosilicati
Formula chimica: Ca2(Fe,Al)Al2[O/OH/SiO4/Si2O7]+K,Mg,Mn,Sr,Ti
Sistema cristallino: monoclino
Processo litogenetico: primario o terziario
Colore: variegato verde e rosa

La pietra per recuperare energia

L'Unakite stimola il benessere inducendo immagini di **serenità** e di **gioia**, e dissolvendo i sentimenti di angoscia. Favorisce il **riposo**, invitando l'organismo a recuperare le forze in caso di malesseri. Ha effetti anche sul piano mentale, stimolando le capacità specifiche di ciascuno e aiutando a metterle in pratica per dedicarsi a ciò che più è congeniale ed adatto alla propria persona.

È una pietra densa, cioè non trasparente alla luce, che fonde in sé i colori tipici del chakra del cuore (4°), il rosa e il verde. Connette con la vibrazione più materiale di questo centro energetico che **rigenera**, **ristora** e **nutre emotivamente**. In particolare, è utile, secondo la tradizione, per superare i **blocchi fisici** legati alle spalle e alle braccia, zone connesse al chakra del cuore.

Rende **pazienti** e libera dai preconcetti, ancorando alla realtà oggettiva.

Dal punto di vista fisico, la tradizione affida a questa gemma il compito di **rinforzare l'organismo** e di stimolare il **sistema immunitario**. Quando il corpo è troppo debole per reagire, l'Unakite si può usare in combinazione ad altre pietre già scelte allo scopo, qualora queste non abbiano avuto l'effetto sperato.

Secondo la tradizione, aiuterebbe la **funzionalità epatica**, favorirebbe la **produzione di bile** e l'assimilazione dei cibi da parte **dell'intestino**, aumentando il valore nutritivo del *sangue*.

Si può indossare come ciondolo all'altezza del cuore o come gioiello, e va usata per un periodo di tempo piuttosto lungo. Durante la meditazione va posata sul 4° chakra per indurre il **rilassamento** e sviluppare **pensieri positivi**.

Si purifica con le metodiche tradizionali. Si ricarica alla luce del sole.

Zaffiro

Classe minerale: ossidi, famiglia del corindone
Formula chimica: Al2O3 + Fe,Ti
Sistema cristallino: trigonale
Processo litogenetico: primario o terziario
Colore: blu, incolore, giallo, rosa

La pietra di Saturno

Lo Zaffiro fa parte della famiglia dei corindoni. Esistono anche zaffiri rosa e gialli, ma il più comunemente conosciuto (che verrà qui descritto) è lo *zaffiro blu*, il cui colore è dato dalla presenza di ferro e di titanio.

Per beneficiare delle proprietà di questo cristallo non è necessario acquistare un gioiello, ma è sufficiente usare una pietra grezza, più economica, che possiede comunque le stesse qualità della pietra preziosa.

Anticamente lo Zaffiro era considerato la pietra collegata al pianeta Saturno e rappresentava il cielo, gli angeli, la magia, la fiducia e l'amicizia.

Santa Ildegarda lo cita nei suoi scritti dicendo che "indica il grande amore per la *saggezza*". Ne consiglia l'uso per i problemi agli occhi, per avere una buona capacità intellettiva e una conoscenza profonda e solida, oltre che per placare l'ira.

Questo splendido cristallo lavora sul 6° chakra, elimina la confusione mentale e favorisce *l'espressione creativa*. Induce alla realizzazione degli obbiettivi che ci si è prefissati, riducendo la tendenza ad essere dispersivi. Apre la mente, favorendo il contatto con le energie cosmiche.

È la gemma della *saggezza*, della *virtù*, della *devozione*. È utile a quanti desiderano sviluppare livelli altamente spirituali.

Secondo la tradizione, dal punto di vista fisico, stimolerebbe l'ipofisi e si rivelerebbe utile per i problemi che riguardano il *sistema nervoso* e il *cervello*. Ridonerebbe equilibrio al *sistema endocrino* e quello *immunitario*, e stimolerebbe la volontà di combattere gli stati di malessere. Essendo una pietra blu, inoltre, mitigherebbe gli stati febbrili.

Si può indossare come ciondolo, o montato come gioiello. È ottimo durante la *meditazione*: posato sul 6° chakra dona pace e armonia interiore.

Si purifica con le solite procedure, si ricarica sia alla luce del sole che a quella della luna. Nel primo caso la pietra sarà di aiuto alla mente logica, nel secondo all'intuitività e alle percezioni sottili.

Appendice A: i Chakra

In sanscrito significa "vortice di luce" e infatti i chakra sono una sorta di ruote di luce in movimento che uniscono corpo e anima e rappresentano il ponte tra il mondo visibile e quello invisibile. Il fatto che l'organismo rifletta gli stati mentali è ampiamente documentato e riconosciuto dalla medicina: in questa sezione, trovi l'interpretazione che la filosofia orientale dà di questo fenomeno.

Secondo alcune filosofie e dottrine religiose, i chakra sono punti di forza umani, a volte associati a gangli (granthi) o organi fisici, tra i quali si muoverebbe un'energia variamente definita (prana, o in casi particolari kundalini o avadhuti) e la loro conoscenza è trasmessa da molti sistemi di yoga, nelle diverse tradizioni induiste, buddhiste e jainiste con mappature diverse. Molte tradizioni concordano sul fatto che i chakra agiscano come valvole energetiche.

Ciascuno dei chakra ha il proprio centro in una delle sette ghiandole a secrezione interna del sistema endocrino corporeo e ha la funzione di stimolare la produzione ormonale della ghiandola.

Secondo il Vedānta, il corpo fisico e il corpo sottile (Sukṣma Śarīra: le emozioni, pensieri, percezioni, stati di coscienza) formano un insieme. Questi due corpi sono collegati a livello dei chakra, quindi agendo sul corpo fisico si produrrà un effetto su quello sottile e viceversa.

I chakra vengono assimilati al loto, considerato un simbolo di purezza perché pur nascendo da acque stagnanti e putrescenti, dà origine ad un fiore bellissimo e candido.

Gli esseri umani, la maggior parte degli animali ed alcune piante avrebbero sette chakra principali o primari. Secondo alcune tradizioni, ogni chakra assomiglierebbe ad un piccolo vortice con la parte più stretta dell'imbuto orientata verso il corpo. Ogni chakra (con l'eccezione di due) avrebbe due metà o poli, una rivolta verso la parte anteriore e l'altra verso la parte posteriore del corpo.

Il secondo gruppo per importanza è composto da chakra minori che si troverebbero nei polpastrelli, al centro del palmo delle mani, in alcune aree dei piedi, nella lingua o altrove. Il terzo gruppo è composto da un numero praticamente incalcolabile di chakra di dimensioni piccole e minuscole; infatti, in ogni punto in cui si incontrano almeno due linee energetiche, anche infinitesimali, si troverebbe un chakra.

Muladhara chakra
(centro basale, plesso radicale, chakra della radice)

Questo centro sottile dai 4 petali viene collocato tra l'ano ed i testicoli o la vagina, nel perineo. Sarebbe collegato a reni e ghiandole surrenali. Le sue funzioni fisiologiche riguarderebbero la produzione del sangue e delle ossa e le attività riproduttive. Perdite materiali (p.e. una perdita in borsa) chiuderebbero questo chakra. Da questo chakra arriverebbe una "energia terrestre" e la sua chiusura produrrebbe la sensazione che "manchi la terra sotto i piedi".

Ha come simbolo geometrico il triangolo con un vertice in basso racchiuso in un quadrato, emblemi il primo dell'organo sessuale femminile e il secondo dell'elemento Terra; in esso dorme Kundalini. Il loto presenta quattro petali. Il suo Mantra-seme è Lam, La divinità preposta a questa ruota è Brahma, la sua energia vitale prende il nome di Savitri o sposa del creatore.

Il significato del nome di questo chakra è «radice», ovvero principio-energia capace di assicurare sviluppo e nutrimento a ogni cosa. È orientato verticalmente con l'apertura dell'imbuto verso la Terra. La sua funzione principale sarebbe legata al corpo materiale, all'istinto di sopravvivenza e produrrebbe un senso di armonia fisica e mentale in rapporto alla natura, soddisfacendo i bisogni primordiali quali il cibo, l'acqua, l'aria, il riposo. Poiché ha solo un polo, tenderebbe ad essere un po' più grande degli altri chakra.

Swadhisthana chakra
(centro pelvico)

Questo centro sottile gravita attorno al Nabhi, come un satellite, delimitando così la regione del Void. È il solo chakra mobile. È situato sotto il ventre, circa due dita sotto l'ombelico, alla base del canale destro, Pingala Nadi. Controllerebbe l'apparato riproduttore, le gonadi, le ovaie, l'utero, la vescica, la prostata. Grazie ad esso l'uomo e la donna godrebbero ed offrirebbero piacere sessuale. E' descritto come un centro molto energetico, soprattutto nell'uomo che durante l'orgasmo emetterebbe con lo sperma una grande quantità di energia (in Cina l'eiaculazione viene anche chiamata "piccola morte").

Ha come simbolo geometrico la falce di luna racchiusa in un cerchio, emblema dell'elemento Acqua; i petali del loto sono sei. La divinità preposta è Varuna, la sua energia vitale o Shakti è Sarasvati. Le ghiandole endocrine che sarebbero associate a questo chakra sono le gonadi ed ovaie. È di colore arancio, è bipolare ed orientato orizzontalmente.

Svadhisthana è legato al mondo materiale, al piacere fisico, alla gioia di vivere, al desiderio. Un suo cattivo funzionamento deriverebbe da conflitti nella sfera sessuale, come tradimenti, abusi, litigi.

Manipura chakra
(centro del plesso solare)

Questo centro è chiamato anche Nabhi e si trova nella regione del plesso solare appena sotto il diaframma. Viene associato al benessere individuale e collettivo, all'accettazione del prossimo, alla forza di volontà individuale. Sarebbe legato allo stomaco, all'intestino, al fegato, alla colecisti, alla milza, al pancreas. Si bloccherebbe a causa di grandi spaventi (con contrazione dello stomaco) o per reazione a situazioni o persone che non vengono accettate e tale blocco provocherebbe incapacità di rimanere calmi, scoppi d'ira, iperattività, disturbi di origine nervosa. L'elemento di questo chakra è il fuoco. Ha come simbolo geometrico il triangolo equilatero. I petali del loto sono dieci. Il mantra-seme è Rang, la sua energia vitale è Bhadrakali. È di colore giallo, è bipolare ed orientato orizzontalmente.

Anahata chakra
(centro del petto o del cuore)

Questo chakra sarebbe situato al livello del plesso cardiaco, dietro lo sterno, nell'asse del midollo spinale. In esso, fino all'età di 12 anni, sarebbero prodotti gli anticorpi, inviati nel "sistema sottile" (un concetto della filosofia indiana la cui esistenza non ha però riscontro scientifico) contro gli attacchi esterni a corpo e psiche. Lo sviluppo non corretto o il blocco del chakra del cuore causerebbero sentimenti d'insicurezza. Da questo chakra centrale dipenderebbero tutti gli altri. Sarebbe la sede dello Spirito, la fonte della forza onnipotente, manifestata in Shiva. Tale chakra viene associato ad una personalità sana e dinamica, piena di amore e compassione e all'amore per la famiglia. Si chiuderebbe in caso di conflitti in famiglia, abbandono, perdita di un caro. Tale chiusura si ripercuoterebbe col tempo su cuore e polmoni e causerebbe polmoniti, asma, malattie cardiache. Questo chakra sarebbe associato anche al timo.

Ha come simbolo geometrico il doppio triangolo incrociato. I petali del loto sono dodici. Il Bija-Mantra è Vam, la divinità è Isana e la sua energia vitale è Bhuvanesvari. È di colore verde, bipolare, orientato orizzontalmente e il suo elemento è l'aria.

Vishudda chakra
(centro della gola)

Questo chakra si situerebbe a livello del pomo d'Adamo nell'uomo e nell'incavo della gola nella donna e sarebbe responsabile del funzionamento del collo, della lingua, della nuca, della bocca, delle orecchie, del naso, dei denti. Attraverso esso si attuerebbe la comunicazione con gli altri e con le divinità e sarebbe la fonte dei mantra che si cantano. A livello fisiologico, controllerebbe il funzionamento della tiroide. Con il chakra aperto la persona comunicherebbe con voce chiara e ferma, mentre si chiuderebbe quando viene bloccata l'espressione della propria personalità e quando c'è insoddisfazione per il proprio lavoro o per i propri studi. La chiusura causerebbe mancanza di voce, torcicollo e malattie della gola e della tiroide.

Questo chakra ha 16 petali, ha come simbolo geometrico il triangolo equilatero nel quale è inscritto un cerchio, emblema dell'elemento etere (Akasa). Il Mantra-seme è Ham. La divinità preposta è Sadasiva e la sua energia vitale è Sakini. È di colore blu, bipolare, orientato orizzontalmente. Quando sviluppato, conferirebbe infatti il potere di esprimersi e parlare in modo estremamente persuasivo e convincente.

Ajna chakra
(centro frontale o terzo occhio)

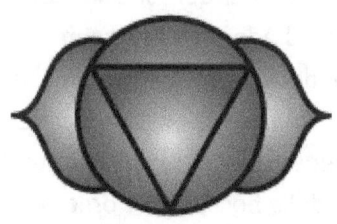

Questo centro nel corpo fisico è rappresentato dall'incrocio dei due nervi ottici nel nostro cervello (il "chiasmo ottico") e controllerebbe il funzionamento della ghiandola pituitaria e gli occhi. Un affaticamento eccessivo della vista (per cinema, televisione, computer o lettura di libri) nuocerebbe a questo chakra che sarebbe anche danneggiato dai cattivi pensieri. Influenzerebbe il mesencefalo. Questo chakra permetterebbe di pensare al futuro, creare progetti, di sviluppare percezioni extrasensoriali come la capacità di vedere senza l'uso del senso della vista, di raggiungere stati mistici, di percepire la cosiddetta aura (un presunto campo che circonderebbe le persone, ignoto alla scienza, da non confondere con ciò che viene chiamato aura in medicina) e di viaggiare nel cosiddetto "piano astrale". Il chakra si chiuderebbe in caso di delusioni per la mancata realizzazione di un progetto di vita. Gli squilibri si manifesterebbero attraverso incubi, fenomeni psichici incontrollati o sgradevoli, mancanza completa di sogni, confusione mentale e con malattie collegate alla vista e mal di testa frontale.

Sui due petali del loto vi sono le lettere Ham e Ksam. Contiene la rappresentazione della sacra sillaba Om, sintesi di tutti i mantra. La divinità preposta è Shambhu e la sua Shakti è Siddha-Kali. È di colore viola, bipolare, orientato orizzontalmente.

Sahasrara chakra
(centro coronale o dei mille petali)

Sarebbe situato nella ghiandola pineale e costituito dalla riunione dei sei chakra. Sarebbe uno spazio incavo, sui bordi del quale si troverebbero mille nervi. Questi nervi si potrebbero vedere sezionando il cervello trasversalmente. Prima della realizzazione del sé questo centro è chiuso dall'ego e dal superego. Illuminato dal risveglio della kundalini, diventerebbe simile a un fascio di fiamme dai sette colori che si integrano creando infine una fiamma di colore cristallo chiaro. Ciò corrisponderebbe alla libertà assoluta, alla gioia dello spirito, alla serenità, alla relazione tra la coscienza dell'individuo e quella dell'universo. Questo chakra si chiuderebbe in caso di "quasi svenimento" per evitare la perdita di coscienza e la fuoriuscita dell'anima. Fisicamente si manifesterebbe con vitiligine e vertigini e nel campo psicologico con noia, insoddisfazione, odio verso Dio.

Ha nel suo cuore un loto più piccolo a dodici petali in cui è inscritto il triangolo chiamato Kamakala, che simbolicamente raffigura la sede della Shakti Suprema, cioè la "forza cosmica" non individualizzata. Nei mille petali del loto sono contenute tutte le lettere dell'alfabeto sanscrito. È di colore bianco ed è orientato verticalmente con il relativo imbuto che punta verso il cielo.

Appendice B: Cristalli e segni zodiacali

Il principio per cui ogni segno **zodiacale + associato a una o più pietre** si basa sull'associazione delle pietre e dei segni a un pianeta. Perciò pietre che risentono dell'influsso di un dato pianeta riusciranno a entrare maggiormente in risonanza con il segno zodiacale dominato da quel pianeta, potendone cosi trarne benessere e guarigione.

Gemelli

Al segno dei Gemelli, governato da Mercurio, vengono associate tutte le pietre cangianti e gialle.

Topazio: Potenzia la creatività e l'immaginazione, accresce e rinforza l'autostima, apporta energia ed è tonificante, stimola il sistema immunitario, dà sollievo a chi soffre di malattie al fegato.

Agata: Promuove il bisogno di introspezione, determina una pacata visione del mondo ed aiuta a trovare dentro di sé la risposte alle proprie domande. Essa, inoltre, facilita l'analisi critica delle proprie esperienze, promuovendo la crescita spirituale, oltre che la stabilità ed il realismo.

Bilancia

Al segno della Bilancia, governato da Venere, sono associate le pietre verdi.

Malachite: Antidepressiva, favorisce la calma interiore, aiuta a combattere i problemi legati all'insonnia, stimola un amore generoso e disinteressato, protegge bambini e anziani dai pericoli e dalle malattie.

Crisoprasio: Conferisce pace interiore, placa emozioni violenti come la collera, aiuta ad essere più sinceri con sé stessi e con gli altri, allevia i dolori mestruali ed articolari, cura l'afonia, libera dalle inibizioni e dai falsi pudori, utile per purificarsi dopo un'esperienza infelice.

Acquario

Al segno dell'Acquario, governato da Urano, vengono associate le pietre scure, blu, viola e nere.

Quarzo: Potenzia le capacità di comunicazione, lenisce le infiammazioni della gola, favorisce la pace e la tranquillità, aiuta a recuperare autostima e fiducia in sé stessi, stimola e accresce la creatività.

Zaffiro: Rende sobri, capaci di discriminare e mentalmente ordinati. Rafforza la determinazione e la volontà, permettendo di realizzare con facilità i propri desideri.

Cancro

Al segno del Cancro, governato dalla Luna, vengono associate le pietre bianche e lattiginose.

Perla: Apporta serenità e calma, aiuta a controllare le emozioni violente, aiuta la meditazione, favorisce la spiritualità, facilita la guarigione delle malattie oculari.

Pietra di Luna: Favorisce meditazione e chiaroveggenza, aiuta a ridurre l'apatia, migliora la capacità di concentrazione, dona serenità e rafforza l'equilibrio emotivo, aiuta a regolarizzare il ciclo mestruale, stimola la circolazione linfatica.

Scorpione

Allo Scorpione, governato da Plutone, vengono associate le pietre di colore rosso.

Rubino: Era definito dalle antiche culture europee ed indiane "pietra del sole", in quanto simbolo di forza vitale, fuoco interiore, amore e passione. Genera slancio e dinamismo, rende impulsivi e passionali in amore, senza però fa cadere in tendenze autodistruttive.

Corniola: Conferisce ottimismo e allegria, chiarisce le idee, rende generosi e comprensivi, aiuta il rilassamento, riduce i dolori mestruali.

Pesci

Al segno dei Pesci, governato da Nettuno, vengono associate le pietre azzurre o luminose.

Ametista: Stimola la consapevolezza spirituale e facilita la presa di coscienza della realtà dell'anima. Rafforza il senso di giustizia, la capacità critica, e conferisce onestà e rettitudine. Come pietra meditativa si rivela utile perché esalta la capacità introspettiva, rivelando al soggetto la sua saggezza interiore.

Acquamarina: Favorisce la crescita interiore, la lungimiranza e la chiaroveggenza.

Ariete

Al segno dell'Ariete, governato da Marte, sono associate tutte le pietre la cui gamma di colori spazia dal rosso fino al violaceo.

Rubino: Era definito dalle antiche culture europee ed indiane "pietra del sole", in quanto simbolo di forza vitale, fuoco interiore, amore e passione. Rende attivi e dinamici, spingendo ad uscire dall'apatia e dalla passività. E' tuttavia in grado di equilibrare anche gli stati di iperattività. Stimola la sessualità attiva.

Eliotropio: Rafforza il corpo, stimola la speranza e la voglia di vivere, favorisce la soluzione di problemi circolatori, ha eccellenti qualità depurative soprattutto per fegato e milza, favorisce il recupero dell'equilibrio mentale.

Leone

Al segno del Leone, governato dal Sole, vengono associate le pietre gialle o molto luminose.

Diamante: Stimola la spiritualità, dona pace interiore e serenità, potenzia la forza fisica ed il coraggio, nelle donne favorisce il superamento dei problemi di sterilità, aiuta a superare gli stati depressivi.

Ambra: Favorisce lo sviluppo di una natura solare di chi ne fa utilizzo, che anche se inizialmente può apparire arrendevole, dispone in realtà di un'elevata consapevolezza di sé stesso. Rende spontanei e aperti, anche se al tempo stesso tradizionalisti.

Sagittario

Al Sagittario, governato da Giove, vengono associate le pietre azzurre o indaco.

Turchese: Aumenta la fiducia in sé stessi, aiuta a combattere il mal di testa, favorisce la conoscenza interiore, rafforza e accresce l'autostima, stimola il desiderio di indipendenza fisica ed emotiva.

Azzurrite: L'azzurrite rappresenta il desiderio di conoscenza. Essa accresce il desiderio di fare le proprie esperienze, e induce il soggetto ad accettare solo quelle spiegazioni che può personalmente verificare.

Toro

Al segno del Toro, governato da Venere, sono associate tutte le pietre verdi, colore proprio di Venere.

Smeraldo: Apporta ottimismo e speranza, potenzia la capacità di amare e di fidarsi del prossimo, genera pace spirituale e calma le emozioni più turbolente, favorisce la cura di malattie cutanee come acne ed herpes, allevia disturbi cardiaci e circolatori.

Tormalina: legata alla terra aiuta questo segno a riequilibrare la parte più materiale.

Vergine

Al segno della Vergine, governato da Mercurio, sono associate le pietre grigie, cangianti e opalescenti.

Zaffiro: Ha un effetto calmante e rassicurante. Aiuta nei momenti di depressione e in caso di disturbi di carattere psichico, Ispira fede ed amore per la verità.

Kunzite: Conferisce calma e pace interiore, aiuta a sconfiggere paure infondate, favorisce il buon umore e il riso, è tonificante e vivificante, apporta chiarezza ai pensieri confusi.

Capricorno

Al Capricorno, governato da Saturno, sono associate le pietre nere e scure.

Tormalina Nera: Conferisce stabilità emotiva e controllo sulle emozioni, canalizza all'esterno le energie negative, favorisce la cura dei calcoli renali, potenzia il desiderio di rinnovamento, aumenta la capacità di riflessione, ha effetti calmanti.

Ossidiana: Conferisce umiltà, aiuta a far chiarezza nei momenti di grave sconcerto, garantisce equità, tempera le emozioni, fa agire con giustizia, garantisce la sopravvivenza nelle situazioni di pericolo.

www.ingramcontent.com/pod-product-compliance
Lightning Source LLC
Chambersburg PA
CBHW060856170526
45158CB00001B/381